金牌靓汤王

《金牌靓汤王》编委会 编著

U0350878

广东旅游出版社
GUANGDONG TRAVEL & TOURISM PRESS
悦读书·悦旅行·悦享人生
中国·广州

图书在版编目（CIP）数据

金牌靓汤王 / 《金牌靓汤王》编委会编著. -- 广州：广东旅游出版社，2014.11
ISBN 978-7-80766-969-2

Ⅰ. ①金… Ⅱ. ①金… Ⅲ. ①粤菜－汤菜－菜谱 Ⅳ. ①TS972.122

中国版本图书馆CIP数据核字(2014)第222590号

出 版 人：刘志松
特邀企划：许定斌
责任编辑：雷　腾
责任校对：李瑞苑
责任技编：刘振华
内文设计：蔺　辉
封面设计：刘红刚

广东旅游出版社出版发行

（广州市天河区五山路483号华南农业大学 公共管理学院14号楼3楼）
邮　编：510642
电　话：020-87348243
网　址：www.tourpress.cn
印　刷：深圳市希望印务有限公司
（深圳市坂田吉华路505号大丹工业园二楼）
开　本：787mm×1092mm　16开
字　数：100千字
印　张：13
版　次：2014年11月第1版
印　次：2014年11月第1次印刷
定　价：48.00元

《金牌靓汤王》编委会

主　编：梁浩培

副主编：区应昌

编　委：吴荣开　叶　露　彭泽明　　雷卫文　范启林

　　　　冯秉强　覃宇奇　欧阳广业　郑启成　林云建

编委简介

梁浩培：男，中式烹调高级技师、国家技能高级考评员、广东省中式烹调专家组
　　　　成员、广州餐饮大师、中国入典名厨，从事本专业工作近45年，近年
　　　　专注于研究饮食养生工作。

区应昌：男，出身饮食世家，资深美食家、国际餐饮形象品牌推广导师、香港美
　　　　食家俱乐部执行会长、番寻味美食创始人，业内尊称"小马哥"。

吴荣开：男，中式烹调高级技师、佛山市饮食同业商会会长、旺阁渔村饮食集团
　　　　董事长，荣获"中国奥食卡第七届美食盛典（2013年）美食功勋奖"，
　　　　对江、河、塘鲜菜系制作工艺有较深的造指。

叶　露：男，中式烹调高级技师、国家技能高级考评员、广东省中式烹调专家组
　　　　副组长，从事本专业工作近45年，精通本菜系的制作工艺、风格、特
　　　　点和代表菜点的特色，有很高的烹饪理论水平，在烹饪界有较高的声望。

彭泽明：男，中式烹调高级技师、国家技能高级考评员、广东省技师协会副会长、
　　　　"广东十大厨神"之一、香港美食家俱乐部理事长、广州小乡村农庄创
　　　　办人，擅长农家特色菜制作工艺。

雷卫文：男，中式烹调高级技师、国家技能高级考评员、广东省中式烹调专家组成员、广东省技师协会副会长、"广东十大厨神"之一、广州珠岛宾馆行政总厨，擅长宫廷、皇家特色菜制作工艺。

范启林：男，中式烹调高级技师、国家技能高级考评员、广东省中式烹调专家组成员、广东省技师协会理事、广州南泉轩酒家行政总厨，擅长园林山珍特色菜制作工艺。

冯秉强：男，中式烹调高级技师、国家技能高级考评员、广东省中式烹调专家组成员、广东省技师协会理事、南海渔港餐饮管理有限公司董事、总经理，擅长河、海鲜特色菜制作工艺。

覃宇奇：男，中式烹调高级技师、中华御厨、国家一级评委、顺德名厨、顺德均安奇哥私房菜馆创办人，擅长农家私房特色菜制作工艺，坚持以"用心做好每一道菜，用有限的食材，做出无限的创意"为理念，精益求精。

欧阳广业：男，中式烹调技师、中华御厨、国家一级评委、顺德名厨、"中国粤菜十大名厨"之一、顺德均安广业食府创办人、《舌尖上的中国》之均安蒸猪制作人，擅长农家特色菜制作工艺。

郑启成：男，中式烹调技师、中国烹饪大师、国家一级评委、中山市然轩农庄创办人，擅长农家私房特色菜及养生汤品制作工艺。

林云建：男，中式烹调高级技师、中华御厨、旺阁渔村饮食集团行政总厨，对河、塘鲜菜系制作工艺有较高的技能，也擅长农家特色菜制作工艺。

目 录

→ 肉 类

目　录

CONTENTS

→ 禽 类

目 录

→ 药材与干货类

→ 灵芝

→ 人参

→ 党参

→ 海参

→ 燕窝

→ 红枣

→ 淮山

→ 香菇

→ 花生

→ 莲子

→ 无花果

→ 赤小豆

目 录

→ 蔬果类

→ 水产类

CONTENTS

肉类

猪肉

介绍

猪肉是日常生活中重要的动物性食品之一。新鲜猪肉皮肤呈乳白色，脂肪洁白且有光泽。肌肉呈均匀红色，表面微干或稍湿，但不粘手，弹性好，指压凹陷立即复原，具有猪肉固有的鲜、香气味。

性味

甘、咸，微寒，无毒。

→ **营养成分**

猪肉纤维较为细软，结缔组织较少，肌肉组织中含有较多的肌间脂肪，因此，经过烹调加工后肉味尤为鲜美。

→ **注意事项**

不可与牛肉、羊肝、大豆、鹌鹑、鸽肉、鲫鱼、虾、驴肉、荞麦、菱角、蕨菜、桔梗、乌梅、百合、巴豆、大黄、黄连、苍术同食。服降压药和降血脂药时不宜多食猪肉，服磺胺类药物时也不宜多食。

→ **选购要点**

买猪肉时可根据肉的颜色、外观、气味等判断出肉的质量好坏。优质的猪肉脂肪白而硬，且带有香味。肉的外面往往有一层稍带干燥的膜，肉质紧密，富有弹性，手指压后凹陷处立即复原。

冬瓜薏米瘦肉汤

材料

冬瓜500克，猪䐃肉250克，贻贝（淡菜）20克，薏米30克，蜜枣2粒，陈皮一小块，生姜2片，生抽、盐适量。

做法

① 冬瓜洗净，去瓤、籽，连皮切成大块。贻贝、薏米洗净，分别用清水浸泡30分钟。陈皮洗净。姜片洗净略拍。瘦肉洗净切块，"飞水"。

② 除冬瓜外，将所有材料同放入汤煲内，加适量清水，先大火烧开，改小火煲1小时，然后下冬瓜块，再煲20分钟，下盐调味。

Tips

此汤适用于肠胃不适，风湿痛以及小便不利者。

功效：除湿止痛、调理肠胃

青橄榄雪梨炖瘦肉 春

材料

新鲜青橄榄5个，雪梨1个，瘦肉100克，蜜枣1粒，生姜1片，生抽、盐适量。

做法

① 青橄榄洗净，每个用刀背拍裂。雪梨去蒂，洗净后连皮切块，去除籽、核。蜜枣略洗。

② 瘦肉洗净切小块"飞水"。生姜洗净略拍。

③ 将所有材料同放入炖盅内，加适量清水，加盖，隔水大火炖1小时，下盐、生抽调味。

Tips

此汤适宜于患有咽炎、嗓子不适、咳嗽痰多者。

功效：清热解毒、利咽化痰、润肠通便

玫瑰红花瘦肉汤 夏

材料

玫瑰花10克，当归10克，红花5克，瘦肉100克，生姜1片，盐适量。

做法

① 玫瑰花、当归、红花略洗。瘦肉洗净切小块"飞水"。生姜洗净略拍。

② 将所有材料同放入汤煲内，加适量清水，先大火烧开，改小火煲30分钟，下盐、生抽调味。

Tips

玫瑰花理气解郁、活血散瘀的功效非常好，是血瘀体质者首选食品。此汤适合血瘀体质偏于瘀血阻滞在下焦者，如痛经、前列腺痛可作为保健食疗。由于玫瑰花活血散瘀的作用较强，月经量过多者在经期最好不要饮用。

功效：活血通经、散瘀止痛、滑润肌肤、补中益气

麦冬玉蝴蝶瘦肉汤 春

材料

猪腱子肉150克，麦冬、玉蝴蝶各10克，南杏仁10粒，北杏仁5粒，桑叶20克，蜜枣1粒，生姜2片，生抽、盐适量。

做法

① 猪腱子肉洗净切小块"飞水"。

② 将桑叶、玉蝴蝶及麦冬用清水浸泡30分钟，然后洗净。南杏仁、北杏仁分别洗净。蜜枣略洗。生姜洗净略拍。

③ 将所有材料同放入汤煲内，加适量清水，先大火烧沸，改小火煲1.5小时，下盐、生抽调味。

Tips

此汤对呼吸道过敏者有不错的食疗功效。

功效：滋阴润燥、润肺平喘

海带冬瓜瘦肉汤 夏

材料

瘦肉200克，海带200克，冬瓜500克，贻贝20克，姜2片，生抽、盐、适量。

做法

① 将瘦肉放入开水中煮5分钟，取出洗净切块。

② 海带用清水浸泡，刷洗干净，切片；冬瓜洗净，去皮，切块；贻贝洗净备用。

③ 煲滚适量清水，放入所有材料，用猛火煲开后改小火煲1小时，下盐调味即可。

Tips

此汤能消除体内多余脂肪及胆固醇，常饮对减肥有辅助效果。

功效：润肺生津、利尿消肿、清热祛暑、解毒排脓

薏米木瓜瘦肉汤

材料

瘦肉 250 克，青木瓜 1 个，薏米 15 克，淮山、玉竹各 10 克，贻贝 20 克，生抽、盐适量。

做法

① 瘦肉洗净、切块后"飞水"。青木瓜洗净，去皮、籽，切成块状。薏米、玉竹、淮山分别洗净。

② 砂锅内放入所有材料，加适量清水，先大火煲滚，改小火煲 2 小时，下盐、生抽调味。

功效：滋阴润燥、补脾去湿、清心润肺

番茄肉片汤

材料

番茄 4 个（约 300 克），猪腿肉 100 克，植物油、精盐、黄酒、淀粉芡、味精、香葱各适量。

做法

① 番茄洗净，切成厚片。

② 猪肉洗净，切成薄片，加细盐、黄酒、淀粉芡、油拌匀。

③ 起油锅，放植物油 1 匙。用中火烧热油后，倒入番茄，炒 2 分钟后，随即加入清汤 1 大碗、细盐适量。汤沸后，将肉片倒入，再烧沸 5 分钟，加味精、生抽、香葱少许，装碗。

Tips

番茄对末梢血管脆弱和动脉硬化性高血压有一定的防治作用，也适宜于慢性肝病、胆病患者。

功效：生津液、通血脉、养肝脾、助消化

花旗参石斛炖瘦肉 夏

材料

猪䐈肉 200 克，花旗参片、石斛、麦冬各 10 克，桂圆肉 6 粒，枸杞子一小撮，蜜枣 1 粒，生姜 1 片，生抽、盐适量。

做法

① 瘦肉洗净切小方块，"飞水"。花旗参片、石斛、麦冬、桂圆肉、枸杞子和蜜枣分别冲一下。生姜洗净略拍。

② 将所有材料同放入炖盅内，加适量清水，加盖，大火隔水炖 1.5 小时，下盐调味。

Tips

此汤对因天气燥热而致身体不适，如睡眠质量下降、失眠者有不错的食疗功效。此外，对平日熬夜和烟酒过多的人也适宜。但麦冬与石斛都偏寒，寒性体质的人不太适合饮用。

功效：补气养阴、清热生津、滋阴润燥、丰肌泽肤、安神养心

苦瓜瘦肉汤

材料

苦瓜 300 克，猪瘦肉 100 克，姜 2 片，清水、生粉、油、盐、生抽、鸡粉各适量。

做法

① 苦瓜去蒂除瓤，切片备用；猪肉切片，用生粉、油拌匀；姜片拍松，烧锅下油，爆香姜片，放入苦瓜片略炒。

② 注入清水滚煮片刻，再放肉片滚熟，加生抽、鸡粉、盐调味，拌匀即成。

Tips

此汤适用于暑热伤阴所致的心烦、口干、口苦、体倦乏力、大便不通等症。

功效：清热解暑、养阴润燥、清心明目

木瓜海底椰瘦肉汤

材料

瘦肉 300 克，木瓜 1 个，鲜海底椰 50 克，生姜 2 片，蜜枣 2 粒，生抽、盐适量。

做法

① 瘦肉切成小块，洗净。

② 木瓜去皮、籽，切块。海底椰洗净。蜜枣略洗。生姜洗净略拍。

③ 将瘦肉块、海底椰、生姜和蜜枣同放入汤煲内，加足量清水，先大火烧沸，改小火煲 1 小时，然后下木瓜块煲 30 分钟，下盐、生抽调味即可。

功效：滋阴润肺、除燥清热

丝瓜瘦肉汤 夏

材料

丝瓜 1 根（约 500 克），瘦肉 100 克，生姜 1 片，油、香油、生粉、生抽、盐各适量。

做法

① 丝瓜刨皮，洗净后切滚刀块。瘦肉洗净后切片，用生粉、油抓匀，腌渍 10 分钟。生姜洗净略拍。

② 下油烧热镬，倒入肉片略炒，注入适量清水，先大火烧沸，再倒入丝瓜块略滚片刻，下盐、香油、生抽调味。

功效：清除胃热、增进食欲

油柑子雪梨瘦肉汤 秋

材料

鲜油柑子 10 粒，番木瓜 1 个，雪梨 1 个，瘦肉 250 克，生姜 2 片，生抽、盐适量。

做法

① 油柑子洗净，用刀拍裂。番木瓜洗净，去皮、瓤、籽，切粗块。

② 雪梨洗净，去蒂，剖开去核，切粗块。瘦肉洗净切小块，"飞水"。生姜洗净略拍。

③ 除木瓜外，将所有材料一同放入汤煲内，加适量清水，先大火烧沸，改小火煲 1 小时，再下木瓜煲 30 分钟，下盐、生抽调味。

功效：清热润燥、生津止渴、清肺利咽

菠菜豆腐瘦肉汤 夏

材料

菠菜 300 克，豆腐两小块，瘦肉 100 克，生姜 1 片，蒜瓣 2 个，油、盐各适量。

做法

① 菠菜去根，洗净摘段，"飞水"。豆腐洗净切方块。瘦肉洗净切丁，用油、盐、生粉抓匀，腌渍 10 分钟。生姜洗净略拍。蒜瓣去衣，洗净略拍。

② 镬内下油烧热，倒入姜片、蒜瓣爆香，下肉丁炒出香味，加适量清水，大火烧开，下菠菜和豆腐，略滚片刻，下盐调味。

功效：滋阴清热、润泽肌肤

苹果蜜枣炖瘦肉汤 秋

材料

苹果 1 个，玉竹 15 克，瘦肉 100 克，蜜枣 1 粒，生姜 1 片，生抽、盐适量。

做法

① 苹果洗净，去蒂、削皮，切小块。玉竹洗净，用清水稍浸泡。蜜枣略洗。

② 生姜洗净略拍。瘦肉洗净切小块，"飞水"。

③ 将所有材料同放入炖盅内，加适量清水，加盖，隔水大火炖 1 小时，下盐、生抽调味。

功效：养阴润肺、生津润燥、润肤美容

沙参玉竹炖瘦肉

材料

沙参15克，玉竹20克，南杏12克，蜜枣1粒，瘦肉100克，生姜1片，生抽、盐适量。

做法

① 沙参、玉竹洗净，用清水稍微浸泡片刻。南杏洗净。蜜枣略洗。
② 生姜洗净略拍。瘦肉洗净切小块。
③ 将所有材料同放入炖盅内，加适量清水，加盖，隔水大火炖2小时，下盐调味。

Tips

此汤对于皮肤干燥、粗糙如鳞屑状者有良好的食疗功效。

功效：滋阴润燥、益胃生津

白果银耳炖瘦肉

材料

瘦肉200克，白果仁10粒，银耳30克，南杏仁20克，去皮马蹄6个，生姜2片，生抽、盐适量。

做法

① 瘦肉洗净切小块，"飞水"。白果仁、南杏仁分别洗净。去皮马蹄洗净，对半切。
② 银耳用清水浸发，去硬蒂，洗净撕成小朵。生姜洗净略拍。将所有材料同放入炖盅内，加适量清水，加盖，隔水大火炖2小时，下盐调味。

功效：清润肺燥、益胃生津、敛肺止咳、润肠通便

莲子百合炖瘦肉

材料

莲子30克，干百合20克，瘦肉150克，生姜1片，盐适量。

做法

① 干百合用清水浸泡3小时。莲子洗净。瘦肉洗净切小块"飞水"。生姜洗净略拍。
② 将所有材料一同放入炖盅内，加适量清水，加盖，隔水大火炖2小时，下盐调味。

功效：补脾益胃、清心润肺

西洋菜蜜枣瘦肉汤

材料

西洋菜250克，瘦肉150克，蜜枣2粒，生姜1片，生抽、盐适量。

做法

① 蜜枣略洗。生姜洗净略拍。瘦肉洗净切小片。西洋菜去除黄叶，洗净摘短。
② 锅内加入适量清水，加入瘦肉、西洋菜、生姜和蜜枣，先大火烧沸，撇去浮沫，改小火煲60分钟，下盐、生抽调味。

Tips

此汤适用于慢性支气管炎，肺结核属肺热、肺燥者。

功效：清热润肺、利气止咳

竹芯煲瘦肉汤

材料

鲜竹芯(竹叶嫩芽)100克、瘦肉500克、瑶柱4粒、蜜枣1粒、干无花果3枚、陈皮少许,生姜2片。

做法

① 瘦肉洗净切大方丁粒,瑶柱浸发,鲜竹芯洗净。

② 放入全部材料用清水煲1小时,调味即可。

功效:补肾养血、滋阴润燥、生津止渴、利咽除烦

燕窝炖瘦肉 四季

材料

燕窝10克,瘦肉100克,盐适量。

做法

① 燕窝用清水浸发,拣去燕毛杂质,洗净沥干水。

② 瘦肉洗净切小块"飞水"。将所有材料同放入炖盅内,加盖,隔水大火炖1小时,下盐调味。

此汤尤其适合身体瘦弱、食欲不佳或病后体虚者食用。

功效:补脾益气、养肺润阴、健脾开胃

冬菇瑶柱瘦肉汤 冬

材料

干冬菇3朵,瑶柱一小把,瘦肉150克,生姜1片,生抽、盐适量。

做法

① 冬菇泡开,去蒂、洗净,每朵对半切。瑶柱洗净。瘦肉洗净切小块。生姜洗净略拍。

② 将所有材料同放入汤煲内,加适量清水,先大火烧沸,改小火煲1.5小时,下盐、生抽调味。

此汤适合于身体瘦弱者。

功效:滋阴健脾、益气增力

燕窝贝母瘦肉汤 四季

材料

瘦肉150克,燕窝10克,川贝母5克,白芨10克,冰糖100克,生抽、盐适量。

做法

① 烧开水,放入瘦肉煮5分钟,取出洗净切块。

② 燕窝用清水泡开,拣去杂质。川贝母、白芨洗净。

③ 冰糖加适量水煮溶,加入上述所有材料,用猛火煲滚,改小火煲3小时,下盐、生抽调味即可。

此汤可用于治虚劳及支气管燥热咳、肺出血。主治虚损、咳嗽痰喘、咯血、吐血、久病、反胃等病症。

功效:补肺养阴、补肾养血

鲜菇肉片汤 四季

材料

　　鲜香菇、鲜草菇各100克，瘦肉100克，生姜1片，葱花少许，盐、油各适量。

做法

　　① 鲜香菇、鲜草菇去蒂后洗净，切成片。瘦肉洗净后切片。生姜略拍。

　　② 烧热锅下油，下生姜爆香，加适量清水烧开，下鲜菇片和肉片小火煮约10分钟，下盐调味，撒上葱花即可。

功效：滋阴养颜、防治口臭

独脚金煲瘦肉 四季

材料

　　瘦肉100克，独脚金15克，生抽、盐适量。

做法

　　① 独脚金略洗，瘦肉洗净后切小块。

　　② 将二者同放锅内，加足量清水，小火煎煮1小时，下盐、生抽调味即可。

Tips

　　此汤适用于小儿疳积，以及脾虚肝热、食欲不振者。

功效：清肝热、消疳积、健脾胃

西红柿鸡蛋瘦肉汤 四季

材料

　　西红柿5个（约500克），鲜蘑菇5朵，鸡蛋2个，瘦肉100克，香菜、葱各1根，生姜1片，油、香油、盐各适量。

做法

　　① 西红柿去蒂，洗净切成瓣。鲜蘑菇去蒂，洗净对半切。鸡蛋打入碗里搅匀。瘦肉洗净切成薄片，用油、淀粉抓匀，腌10分钟。香菜去根，洗净切段。葱去根，洗净切葱花。生姜洗净略拍。

　　② 烧热镬下油，下姜片爆香，倒入肉片炒至出香味，倒入适量清水，大火烧开，依次放入西红柿、蘑菇，再大火煮沸后，调入鸡蛋液，改小火煮一会，其间用勺子搅匀，最后下盐调味，浇上香油即可。

功效：健脑益智、增强免疫力、补中益气、延缓衰老

罗汉果菜干煲瘦肉 四季

材料

　　罗汉果1/2个，白菜干50克，瘦肉150克，生姜2片，生抽、盐适量。

做法

　　① 罗汉果洗净，将壳掰成小块，籽弄散。白菜干用清水浸软，洗净。生姜洗净略拍。瘦肉洗净切小方块。

　　② 将所有材料同放入汤煲内，加适量清水，先大火烧开，撇去浮沫，改小火煲1小时，下盐、生抽调味。

Tips

　　此汤适用于肺火燥咳、咽痛失音、肠燥便秘者。

功效：养阴清肺、润燥化痰、止咳利咽、滑肠通便

肉类

21

栗子猪肉汤

→ 材料

去皮栗子肉 200 克，瘦猪肉 250 克，生抽、盐适量。

→ 做法

① 瘦猪肉洗净，切小块，"飞水"，与洗净的栗子肉一同倒入砂锅内。

② 加适量清水，先用火烧沸，改文火慢炖 1 小时，下盐调味。

功效：益气健脾、厚补胃肠、强筋健骨、滑润肌肤、补中益气

Tips 选购栗子时不要一味追求果肉的色泽洁白或金黄。金黄色的果肉有可能是经过化学处理的栗子，相反，如果炒熟后或煮熟后果肉中间有些发褐，是栗子所含的酶发生"褐变反应"所致，只要味道没变，对人体就没有危害。

冬菇鸡脚瘦肉汤

材料

干冬菇8朵，鸡脚8只，瘦肉100克，去皮马蹄6个，生姜2片，贻贝20克，生抽、盐适量。

做法

① 鸡脚剥去黄衣，切去趾甲，洗净，"飞水"。瘦肉洗净切小块"飞水"。冬菇泡开，去蒂，洗净对半切。马蹄洗净，每个对半切。生姜洗净略拍。

② 将所有材料同放入汤煲内，加适量清水，先大火烧沸，改小火煲1.5小时，下盐调味。

功效：健脾益气、舒筋强骨、清润生津、开胃消食

灵芝双耳瘦肉汤

材料

灵芝(切片)6克，黑木耳、银耳各5克，蜜枣2粒，瘦肉250克，生姜1片，生抽、盐适量。

做法

① 瘦肉洗净后切小块"飞水"。灵芝、蜜枣略洗。生姜略拍。木耳、银耳用清水浸发，去硬蒂后撕成小朵。

② 锅内放入所有材料，加足量清水，先大火烧开，改小火煲1.5小时，下盐、生抽调味即可。

功效：增强免疫、抗癌强身

金针菜雪梨瘦肉汤

材料

金针菜(即黄花菜)50克，黑木耳10克，雪梨1个，蜜枣2粒，无花果3粒，陈皮一小块，猪脹肉300克，生姜2片，生抽、盐适量。

做法

① 金针菜用清水浸泡，洗净。黑木耳用清水浸发，去蒂，洗净撕小朵。雪梨去蒂、核，洗净后切块。无花果洗净。蜜枣略洗。陈皮洗净，浸软。生姜洗净略拍。猪脹洗净切块，"飞水"。

② 将所有材料同放入汤煲内，加适量清水，先大火烧开，撇去浮沫，改小火煲1小时，下盐、生抽调味。

功效：滋阴润燥、益智健脑

三七丹参炖瘦肉

材料

田七15克，丹参10克，猪脹肉150克，红枣5粒，枸杞子一小撮，生姜3片，贻贝10克，生抽、盐适量。

做法

① 田七、丹参略洗。猪脹肉洗净切小块，"飞水"。红枣去核洗净。枸杞子略洗。生姜洗净略拍。

② 将所有材料同放入炖盅内，加适量清水，加盖，隔水大火炖1.5小时，下盐、生抽调味。

功效：活血调经、祛瘀止痛、凉血消痈、清心除烦

蚌花三雪炖瘦肉

材料

　　蚌花 50 克，雪梨 1 个，雪耳 30 克，雪蛤 20 克，瘦肉 200 克，生姜 2 片，生抽、盐适量。

做法

　　① 蚌花洗净沥干水。雪梨洗净，去蒂、核，切粗块。雪耳用清水浸发，去硬蒂，洗净撕成小朵。雪蛤用清水浸发，挑去污物，洗净。瘦肉洗净切小块"飞水"。生姜洗净略拍。

　　② 将所有材料同放入炖盅内，加适量清水，加盖，隔水大火炖 2 小时，下盐、生抽调味。

功效：清补润肺、化痰止咳

蘑菇瘦肉汤

材料

　　鲜蘑菇 200 克，瘦肉 150 克，小白菜 100 克，生姜 1 片，盐、生粉、花生油各适量。

做法

　　① 小白菜洗净。蘑菇去蒂洗净，每个切成两半。瘦肉洗净后切小片，用油、盐、生粉略腌。生姜洗净略拍。

　　② 镬内下油烧热，下姜片爆香，下肉片略炒，然后倒入蘑菇和小白菜，加足量清水，先大火烧开，改小火煮 20 分钟，下盐调味即可。

功效：润燥补脾、健胃消食

黑豆川芎炖瘦肉

材料

　　黑豆 50 克，川芎 10 克，瘦肉 150 克，生姜 1 片，生抽、盐适量。

做法

　　① 黑豆提前用清水浸泡 3 小时，洗净备用。川芎略洗。瘦肉洗净切小块"飞水"。生姜洗净略拍。

　　② 将所有材料同放入炖盅内，加适量清水，加盖，隔水大火炖 2 小时，下盐、生抽调味。

Tips

此汤适合血瘀体质偏于气滞血瘀者食用。

功效：活血祛瘀、行气止痛

石斛麦冬炖瘦肉

材料

　　瘦肉 150 克，石斛 10 克，麦冬 20 克，红枣 4 粒，生姜 1 片，生抽、盐适量。

做法

　　① 瘦肉洗净后切小块"飞水"。石斛、麦冬洗净。红枣去核洗净。生姜洗净略拍。

　　② 炖盅内放入所有材料，加足量清水，加盖，大火隔水炖 2 小时，下盐、生抽调味。

功效：清热养胃、生津止渴

猪骨

介绍

即猪骨头。我们日常食用的猪骨是排骨、脊骨和腿骨。猪骨煮汤能壮腰膝，益力气，补虚弱，强筋骨。若脾胃虚寒、消化欠佳之人食之，易引起胃肠饱胀或腹泻，故应在骨汤中加入生姜或胡椒。猪骨煅炭研粉则性温，有止泻、健胃、补骨的作用。

性味

性温，味甘、咸，入脾、胃经，有补脾气、润肠胃、生津液、丰机体、泽皮肤、补中益气、养血健骨的功效。

→ 营养成分

猪骨除含脂肪、维生素外，还含有大量磷酸钙、骨胶原、骨黏蛋白等。

→ 选购要点

注意从骨头断口观察骨髓的颜色，粉红证明放血干净，暗红则证明放血不净或是病猪。

薄荷叶厚朴猪骨汤　春

材料

猪脊骨 300 克，薄荷叶 50 克，厚朴 15 克，玉米 2 个，生姜 2 片，生抽、盐适量。

做法

① 猪脊骨洗净斩块，"飞水"。薄荷叶、厚朴分别用清水洗净。玉米去衣，洗净斩段。生姜洗净略拍。
② 将所有材料同放入汤煲内，加适量清水，先大火烧沸，改小火煲 1 小时，下盐、生抽调味。

Tips

薄荷叶有透疹止痒、消炎镇痛的功效，配合厚朴，也就是厚朴树的卷筒状树皮，可以下气平喘；再加上利水的玉米，三者一起入汤烹制，可以有效地减轻换季时许多皮肤上的过敏症状。

功效：消炎镇痛、下气利水

菜干节瓜猪骨汤　春

材料

节瓜 1 个，白菜干 50 克，猪脊骨 400 克，瘦肉 100 克，蜜枣 2 粒，陈皮一小块，生姜 3 片，生抽、盐适量。

做法

① 菜干用清水浸软，洗净切段。节瓜去皮，洗净切粗块。猪脊骨洗净斩块"飞水"。瘦肉洗净切小块"飞水"。蜜枣略洗。陈皮洗净，浸软。生姜洗净略拍。
② 除节瓜外，将所有材料同放入汤煲内，加适量清水，先大火烧开，撇去浮沫，改小火煲 1 小时，再下节瓜煲 30 分钟，下盐、生抽调味。

Tips

民间常以节瓜煨汤，能使小便通畅，帮助消除疲劳，保持身体健康。

功效：解困除燥、健脾生津、清热解毒

蚝豉咸酸菜猪骨汤

材料

猪脊骨 300 克，咸酸菜 350 克，干蚝豉 100 克，生姜 2 片。生抽、盐适量。

做法

① 猪脊骨洗净斩块，"飞水"。咸酸菜洗净切大片，用清水浸泡 30 分钟。干蚝豉用清水浸软，洗净沥干水。生姜洗净略拍。
② 将所有材料同放入汤煲内，加适量清水，先大火烧沸，改小火煲约 1.5 小时下盐、生抽调味。

功效：滋阴降火、健脾开胃

虫草花干贝骨头汤

材料

虫草花 5 克，芡实 30 克，枸杞子一小撮，红枣 5 粒，干贝一小把，玉米 1 个，扇骨 400 克，生姜 2 片，生抽、盐适量。

做法

① 扇骨洗净斩块，"飞水"。红枣去核洗净。枸杞子、虫草花略洗。玉米去衣，洗净斩块。生姜洗净略拍。芡实洗净，用清水浸泡 30 分钟。干贝用清水浸泡 10 分钟，洗净。
② 将扇骨放入汤煲内，加适量清水，先大火烧开，撇去浮沫，然后放入其他材料，改小火煲 1.5 小时下盐调味即可。

Tips

虫草花和冬虫夏草的功效相似，但是却物美价廉、口感很不错，其性质平和、不寒不燥、有益肝肾、补精髓、止血化痰的功效。

功效：滋补肝肾、清肝明目

虫草花莲子猪骨汤

材料

猪脊骨 500 克，虫草花 10 克，莲子 50 克，红枣 5 粒，枸杞子一小撮，生姜 2 片，生抽、盐适量。

做法

① 猪脊骨洗净斩块，"飞水"。虫草花、枸杞子略洗。红枣去核洗净。生姜洗净略拍。莲子洗净。
② 将所有材料同放入汤煲内，加适量清水，先大火烧沸，改小火煲 1.5 小时，下盐、生抽调味。

Tips

此汤尤其适合春困、无精打采者饮用。

功效：滋补肾阴、止血化痰、健脾养胃、生发阳气

马蹄甘蔗猪骨汤

材料

猪骨 500 克，去皮马蹄 10 个，胡萝卜 1 个，甘蔗 250 克，鲜茅根 50 克，生姜 2 片，生抽、盐适量。

做法

① 甘蔗让卖家将表皮刮干净，斩成小段，回家后洗净，切成小长条。猪骨斩成小块，洗净"飞水"。胡萝卜去皮，洗净切滚刀块。马蹄洗净对半剖开。生姜洗净略拍。
② 所有材料放进汤锅里，加入足量清水，大火烧开后，改小火煲 1.5 小时，下盐、生抽调味。

Tips

此汤对春季容易诱发的各类皮肤疾病具有很好的辅助调理功效。

功效：清润舒喉、清热解毒、养阴生津

三豆猪骨汤

材料

猪脊骨 500 克，黑豆、薏米、花生各 50 克，生姜 2 片，红枣 6 粒，枸杞子一小把，生抽、盐适量。

做法

① 猪脊骨洗净斩块，"飞水"。黑豆、薏米、花生洗净，用清水浸泡 3 小时。
② 红枣去核洗净。枸杞子略洗。生姜洗净略拍。
③ 将所有材料同放入汤煲内，加适量清水，先大火烧开，撇去浮沫，改小火煲 1.5 小时，下盐、生抽调味。

Tips

黑豆有活血、利水、祛风、解毒之功效，还可以降低血液粘稠度，用于治疗"脾虚弱、食少便溏、气血亏虚"等疾病。花生又被称为"长生果"，能够帮助增强记忆。其中的维生素 C 有降低胆固醇的作用。

功效：祛除湿气、降胆固醇、利水解毒

海带绿豆猪骨汤

材料

干海带 1 小扎，绿豆 100 克，猪骨 500 克，生姜 2 片，蜜枣 2 粒，生抽、盐适量。

做法

① 干海带用清水浸泡开，然后反复洗刷，冲净泥沙。绿豆洗净，用清水提前浸泡 1 小时。生姜洗净略拍。蜜枣略洗。
② 猪骨洗净斩块，"飞水"。
③ 将所有材料放入汤煲内，加足量清水，先大火烧沸，改小火煲 1.5 小时，下盐调味即可。

Tips

儿童经常喝骨头汤，能及时补充人体所必需的骨胶原等物质，增强骨髓造血功能，有助骨骼的生长发育，成人喝可延缓衰老。海带中的褐藻酸钠盐有预防白血病的作用。

功效：清热解毒、消暑益气、止渴利尿、强筋健骨

海带木瓜猪骨汤

材料

鲜海带结 250 克，绿豆 50 克，百合 30 克，木瓜 1 个，陈皮一小块，猪脊骨 400 克，生姜 2 片，生抽、盐适量。

做法

① 海带用清水洗净，切段。绿豆、百合洗净，用清水浸泡 3 小时。陈皮洗净，浸软。木瓜去皮、瓤、籽，洗净后切粗块。生姜洗净略拍。猪脊骨洗净斩块，"飞水"。
② 除木瓜外，将所有材料同放入汤煲内，加适量清水，先大火烧开，撇去浮沫，改小火煲 1 小时，然后下木瓜再煲 30 分钟，下盐、生抽调味。

Tips

海带味咸、性寒、无毒，有软坚散结、消痰平喘、通行利尿、降脂降压等功效，常吃海带对身体健康很有利。

功效：理气健脾、清热解毒、润燥止咳

霸王花冬瓜猪骨汤　夏

材料

干霸王花 50 克，冬瓜 500 克，胡萝卜 1 个，扁豆 30 克，蜜枣 2 粒，猪筒骨 400 克，生姜 2 片，生抽、盐适量。

做法

① 霸王花用清水浸泡片刻，洗净。冬瓜去瓤、籽，洗净连皮切块。胡萝卜去皮，洗净后切块。扁豆洗净，提前用清水浸泡 3 小时。蜜枣略洗。猪筒骨洗净斩块，"飞水"。生姜洗净略拍。

② 除冬瓜外，将所有材料同放入汤煲内，加适量清水，先大火烧开，撇去浮沫，改小火煲 1.5 小时，然后下冬瓜块再煲 30 分钟，下盐、生抽调味。

Tips

胡萝卜不仅有健脾和胃、补肝明目等功效，还可以使皮肤细嫩光滑、肤色红润，对美容健肤有独到的作用。

功效：清热化湿、健脾清心、补肝明目、美容护肤

雪梨黄豆骨头汤　夏

材料

雪梨 1 个，黄豆 100 克，猪脊骨 300 克，生姜 2 片，生抽、盐适量。

做法

① 雪梨去蒂、核，洗净连皮切块。黄豆提前用清水浸泡 3 小时，洗净备用。猪脊骨洗净斩块，"飞水"。生姜洗净略拍。

② 除雪梨外，将所有材料同放入汤煲内，加适量清水，先大火烧开，撇去浮沫，改小火煲 1 小时，然后倒入雪梨块再煲 20 分钟，下盐、生抽调味。

功效：清热润燥、健脾生津、润肠通便

苦瓜脊骨汤　夏

材料

黄豆 50 克，苦瓜 500 克，猪脊骨 300 克，生姜 1 片，贻贝 15 克，生抽、盐适量。

做法

① 黄豆洗净，用清水浸泡 3 小时。苦瓜洗净，对半剖开，去除瓤、籽，洗净切段。生姜洗净略拍。猪脊骨洗净斩块，"飞水"。

② 将所有材料同放入汤煲内，加适量清水，先大火烧沸，改小火煲 1 小时，下盐、生抽调味。

功效：清热消暑、健胃清肠、消除烦渴

雪梨红萝卜煲猪骨 夏

材料

鸭梨 5 个，红萝卜 400 克，猪扇骨 500 克，无花果 4 个，陈皮 1 块，盐适量。

做法

① 雪梨去皮、去心、切厚片。红萝卜去皮、洗净切块，扇骨用开水煮 5 分钟，取出，斩件。陈皮浸软。

② 放入全部材料煲滚，慢火煲 1 小时，下盐调味即可。

功效：消暑健胃、滋补肾阴、消食化滞

山楂莲叶脊骨汤 夏

材料

山楂干 10 克，乌梅 3 个，薏米 50 克，干荷叶 1/2 张，猪脊骨 300 克，生姜 2 片，生抽、盐适量。

做法

① 将山楂、乌梅和荷叶放入清水中浸泡 10 分钟，然后用清水洗净。薏米洗净，用清水浸泡 30 分钟。猪脊骨洗净斩成块，"飞水"。生姜洗净略拍。

② 除荷叶外，将所有材料同放入汤煲内，加适量清水，先大火烧开，撇去浮沫，改小火煲 1.5 小时，然后再放入荷叶煲 20 分钟，下盐、生抽调味。

Tips

此汤很适合因夏季天气炎热出汗较多所致的食欲不振者饮用，可以有效增强食欲。

功效：消暑健胃、滋补肾阴、消食化滞

茶树菇脊骨汤 四季

材料

干茶树菇 100 克，猪脊骨 500 克，生姜 2 片，红枣 5 粒，枸杞子一小撮，生抽、盐适量。

做法

① 茶树菇去蒂切段，用清水浸软，洗净。脊骨洗净斩块，"飞水"。生姜洗净略拍。红枣去核洗净。枸杞子略洗。

② 将所有材料同放入汤煲内，加适量清水，先大火烧沸，改小火煲 1 小时，下盐、生抽调味即可。

Tips

茶树菇有补肾滋阴、健脾胃、提高人体免疫力、增强人体防病能力的功效，常食可起到延缓衰老、美容等作用。猪脊骨能滋补肾阴、填补精髓，可用于肾虚耳鸣、腰膝酸软、阳痿、遗精、烦热、贫血等症。

功效：滋补肝肾、益精明目、清洁肠胃、消脂瘦身

山药猪骨汤 冬

材料

猪脊骨 500 克，鲜山药 400 克，沙参、玉竹、芡实、薏米、百合各 20 克，蜜枣 2 粒，生姜 2 片，生抽、盐适量。

做法

① 鲜山药去皮，洗净后切块。沙参、玉竹、芡实、薏米、百合分别洗净，用清水浸泡 30 分钟。蜜枣略洗。猪脊骨洗净斩块，"飞水"。生姜洗净略拍。

② 除鲜山药外，将所有材料同放入汤煲内，加适量清水，先大火烧开，撇去浮沫，改小火煲 1.5 小时，然后下鲜山药再煲 30 分钟，下盐、生抽调味。

Tips

山药含有淀粉酶、多酚氧化酶等物质，有利于脾胃消化吸收功能，是一味平补脾胃的药食两用之品。

功效：补肾健脾、滋阴润燥、生津止渴

菜干猪骨汤

材料

猪骨500克，菜干一小把，南杏、北杏各15粒，蜜枣2粒，生姜2片，生抽、盐适量。

做法

① 猪骨斩块后洗净，"飞水"。
② 菜干用清水浸泡开，反复冲洗干净切碎。南北杏洗净。蜜枣略洗。生姜洗净略拍。
③ 将所有材料放入汤煲内，加适量清水，先大火烧沸，改小火煲1小时，下盐、生抽调味。

Tips

儿童经常喝骨头汤，能及时补充人体所必需的骨胶原等物质，增强骨髓造血功能，有助于骨骼的生长发育。南北杏就是南杏仁和北杏仁。南杏仁又名甜杏仁，能润肺平喘、生津开胃、润大肠；北杏仁又名苦杏仁，能祛痰镇咳、润肠。

功效：滋阴润肺、止咳化痰

霸王花煲猪骨汤

材料

霸王花150克，猪骨400克，蜜枣2粒，冬菇3朵，生姜2片，生抽、盐适量。

做法

① 将霸王花用清水浸软，洗净后取出切段。猪骨洗净后斩块。将二者分别放"飞水"。蜜枣略洗。冬菇浸开洗净去蒂，每朵对半切。生姜洗净略拍。
② 将所有材料放入汤煲内，加适量清水，先大火烧开，改小火煲1小时，下盐调味。

功效：补中益气、养血健骨、清热润燥

萝卜珧柱猪骨汤

材料

白萝卜1个（约400克），猪骨500克，珧柱50克，生姜2片，红枣2粒，生抽、盐适量。

做法

① 猪骨洗净斩块，"飞水"。白萝卜洗净去皮，切滚刀块。珧柱洗净。生姜洗净略拍。蜜枣略洗。
② 汤煲内放入所有材料，加足量清水，先大火烧开，改小火煲1小时，下盐、生抽调味。

功效：止咳化痰、清凉解毒、滋阴润燥、益精补血

山药栗子猪骨汤 冬

材料

鲜山药 400 克，鲜栗子肉 200 克，猪脊骨 500 克，红枣 5 粒，枸杞子一小撮，生姜 2 片，生抽、盐适量。

做法

① 鲜山药去皮，洗净切块。栗子肉洗净。猪脊骨洗净斩块，"飞水"。红枣去核洗净。枸杞子略洗。生姜洗净略拍。

② 除鲜山药外，将所有材料同放入汤煲内，加适量清水，先大火烧开，撇去浮沫，改小火煲 1 小时，然后下鲜山药再煲 30 分钟，下盐、生抽调味。

Tips

山药含有淀粉酶、多酚氧化酶等物质，有利于脾胃消化吸收，有补脾胃、益肺肾的功效，尤其适用于脾肾气虚者。

功效：健脾养胃、补肾益精、养肝明目

胡萝卜玉米猪骨汤 四季

材料

胡萝卜 1 个，玉米 1 个，猪脊骨 400 克，枸杞子一小把，蜜枣 2 粒，生姜 2 片，生抽、盐适量。

做法

① 胡萝卜削皮，洗净切滚刀块。玉米去衣、玉米须，洗净后斩段。猪脊骨洗净斩块，"飞水"。蜜枣、枸杞子略洗。生姜洗净略拍。

② 将所有材料同放入汤煲内，加适量清水，先大火烧沸，改小火煲 1.5 小时，下盐、生抽调味。

Tips

胡萝卜对于长年吸烟、长期饮酒、经常熬夜者是不错的保健佳品。

功效：保护气管、保养肺部、修复肝细胞

牛蒡猪骨汤 四季

材料

牛蒡 1 段（约 300 克），胡萝卜 1 个，猪脊骨 500 克，陈皮一小块，蜜枣 2 粒，生姜 2 片，生抽、盐适量。

做法

① 洗净牛蒡表面泥土，用刀背刮去表皮，切滚刀块，浸在清水里，防止氧化。胡萝卜去皮，洗净切粗块。猪脊骨洗净斩件，"飞水"。陈皮洗净，浸软。生姜洗净略拍。蜜枣略洗。

② 将所有材料同放入汤煲内，加适量清水，先大火烧沸，改小火煲 1.5 小时，下盐、生抽调味。

Tips

牛蒡有助人体筋骨发达，增强体力及壮阳。常食能促进血液循环，防止人体过早衰老，润泽肌肤，防止中风和高血压，降低胆固醇和血糖，并适合糖尿病患者长期食用。

功效：增强体力、通便排毒、防癌抗癌、降胆固醇

花生菜干猪骨汤

材料

冬菇 4 朵，花生仁 60 克，白菜干 50 克，红枣 5 粒，生姜 2 片，猪扇骨 400 克，生抽、盐适量。

做法

① 冬菇泡开去蒂，洗净后对半切。花生仁洗净，用清水浸泡 1 小时。红枣去核洗净。菜干用清水浸发，洗净后切段。生姜洗净略拍。猪扇骨洗净斩块，"飞水"。

② 将所有材料同放入汤煲内，加适量清水，先大火烧开，撇去浮沫，改小火煲 1.5 小时，下盐、生抽调味。

Tips

冬菇经常食用有去皱养颜、瘦身美体的功效。猪扇骨因其含钙较高，且含脂肪特别少，常用于煲、炖汤用，汤水不腻不油，营养价值很高。

功效：健脾益胃、清热滋润、通利肠胃、补血安神

玉米眉豆猪骨汤

材料

紫菜 20 克，玉米 1 个，眉豆、莲子各 50 克，猪脊骨 400 克，生姜 2 片，生抽、盐适量。

做法

① 紫菜用清水浸泡片刻，捞出洗净，沥干水。玉米洗净斩段。眉豆、莲子洗净，提前用清水浸泡 3 小时。猪脊骨洗净斩块，"飞水"。生姜洗净略拍。

② 除紫菜外，将所有材料同放入汤煲内，加适量清水，先大火烧开，撇去浮沫，改小火煲 1.5 小时，然后下紫菜再煮片刻，下盐、生抽调味。

Tips

玉米有调中开胃及降血脂、降低血清胆固醇的功效。另，此汤常饮可滋润干枯的头发。

功效：清热利水、养心安神、补肾养心、滋阴清热

冬瓜海带薏米煲猪骨

材料

猪骨 500 克，冬瓜 500 克，鲜海带结 100 克，薏米、扁豆各 50 克，生姜 2 片，蜜枣 2 粒，料酒、生抽、盐各适量。

做法

① 猪骨洗净后斩块。冬瓜去瓤、籽后连皮切块。海带结洗净。蜜枣略洗。薏米、扁豆去杂洗净，先浸泡 2 小时。生姜洗净略拍。

② 砂锅内放入所有材料，溅料酒，加足量清水，先大火烧开，改小火煲 1.5 小时，下盐、生抽调味即可。

Tips

经常食用薏米可以降低血中胆固醇以及三酸甘油脂，并可预防高血脂症高血压、中风、心血管疾病以及心脏病。

功效：降血压、降胆固醇

排骨

介绍

即剔肉后剩下的肋骨和脊椎骨，上面附有少量肉质，也可以食用，如红烧排骨，是一道中国家常菜。排骨具有滋阴壮阳、益精补血的功效。熬汤时放上葱和一些调味料，煮过后味道鲜美，极富营养。

性味

性甘，味平。

→ **营养成分**

猪排骨除含蛋白质、脂肪、维生素外，还含有大量磷酸钙、骨胶原、骨粘蛋白等，可为幼儿和老人提供钙质。

→ **选购要点**

新鲜排骨呈粉红色，肥瘦均等，肌肉有光泽，外表微干或微湿润，弹性良好，脂肪洁白。

芥菜黄豆排骨汤　春

材料

排骨300克，大芥菜250克，黄豆50克，珧柱一小把，冬菇4朵，生姜2片，大蒜4瓣，生抽、盐适量。

做法

① 排骨洗净斩块，"飞水"。黄豆洗净，提前用清水浸泡3小时。冬菇泡开去蒂，洗净对半切。生姜洗净略拍。珧柱洗净，用清水浸泡片刻。大蒜去衣，洗净略拍。大芥菜洗净，将茎与叶分别撕开。
② 除大芥菜的叶外，将所有材料同放入汤煲内，加适量清水，先大火烧开，撇去浮沫，改小火煲1.5小时，然后下大芥菜的叶烧煮片刻，下盐、生抽调味。

功效：健脾益气、补髓养阴、润肠通便、缓解疲劳

银耳百合排骨汤　春

材料

排骨250克，银耳15克，百合20克，生姜2片，贻贝15克，生抽、盐适量。

做法

① 排骨洗净斩块，"飞水"。银耳用清水浸泡，去蒂，洗净后撕成小朵。百合洗净，用清水浸泡1小时。生姜洗净略拍。
② 将所有材料同放入汤煲内，加适量清水，先大火烧开，改小火煲1小时，下盐、生抽调味。

此汤可为幼儿和老人提供钙质，还具有很强的美容功效。

功效：补脾开胃、益气清肠、安眠健胃、润肺止咳、滋阴润燥

杏仁西洋菜排骨汤 春

材料

排骨 300 克，西洋菜 200 克，南杏仁 20 克，生姜 2 片，贻贝、生抽、盐适量。

做法

① 西洋菜拣出黄叶，洗净沥干水。排骨洗净斩段，"飞水"。南杏仁略洗。生姜洗净略拍。
② 除西洋菜外，将所有材料同放入汤煲内，加适量清水，先大火烧沸，改小火煲 1 小时，然后下西洋菜再煲 20 分钟，下盐、生抽调味。

Tips

此汤有润肺抗癌的功效，尤其适用于鼻子发干、肺热者饮用。

功效：清燥润肺、化痰止咳、利尿健身、滋阴壮阳、益精补血

咸肉春笋排骨汤 春

材料

春笋 400 克，排骨 300 克，咸肉 50 克，蜜枣 2 粒，生姜 2 片，生抽、盐适量。

做法

① 春笋去皮，洗净切成滚刀块，"飞水"，以去除涩味和草酸。排骨洗净斩块，"飞水"。咸肉切成小块。生姜洗净略拍。蜜枣略洗。
② 除咸肉外，将所有材料同放入汤煲内，加适量清水，先大火烧开，撇去浮沫，改小火煲 1 小时，然后再下咸肉煲 20 分钟，下盐、生抽调味。

功效：滋阴壮阳、健脾开胃

生地墨鱼排骨汤 夏

材料

小墨鱼干 4 个，排骨 400 克，生地 10 克，生姜 2 片，生抽、料酒、盐适量。

做法

① 墨鱼干用清水浸泡 30 分钟，洗净沥干水备用。排骨洗净斩块，"飞水"。生地略洗。生姜洗净略拍。
② 将所有材料同放入汤煲内，加适量清水，先大火烧开，撇去浮沫，改小火煲 1.5 小时，下盐、生抽调味。

Tips

墨鱼干有壮阳健身、益血补肾、健胃理气的功效。排骨除含蛋白、脂肪、维生素外，还含有大量磷酸钙、骨胶原、骨粘蛋白等，可为幼儿和老人提供钙质。

功效：滋阴壮阳、益精补血、清热凉血、滋阴补肾

墨鱼节瓜排骨汤 夏

材料

节瓜 500 克，排骨 500 克，墨鱼仔 150 克，生姜 2 片，红枣 2 粒，生抽、盐适量。

做法

① 墨鱼仔用清水浸软，洗净泥沙。节瓜去皮，洗净切块。生姜洗净略拍。蜜枣略洗。
② 排骨洗净，斩块，"飞水"。
③ 汤煲内放入排骨、墨鱼仔、生姜和蜜枣，加适量清水，先大火烧沸，改小火煲 1 小时，然后下节瓜块同煲 30 分钟，下盐、生抽调味即可。

Tips

此汤适宜阴虚体质或贫血者食用，但脾胃虚寒者应少食。

功效：正气消暑、补脑强身、滋阴润燥、健脾利尿

红枣眉豆排骨汤

→ 材料

排骨 500 克，眉豆 100 克，红枣 5 颗，姜 2 片，生抽、盐适量。

→ 做法

① 排骨洗净，斩块，"飞水"；眉豆去杂洗净，浸泡 2 小时；红枣去核，洗净。

② 砂锅内放入所有材料，加适量清水，先大火烧开，改小火煲 1.5 小时，下盐、生抽调味。

功效：养血生津、补气健脾、养血安神

Tips

眉豆含有蛋白质、碳水化合物，还含有毒蛋白、凝集素以及能引发溶血症的皂素。所以加热时一定要注意，眉豆一定要煮熟以后才能食用，否则可能会出现食物中毒现象。此汤不仅可以为小孩的生长发育提供钙质，还可预防中老年骨质疏松症。

苦瓜黄豆排骨汤 夏

材料

新鲜苦瓜 500 克，黄豆 100 克，排骨 500 克，干蚝豉 100 克，生姜 3 片，生抽、盐适量。

做法

① 黄豆洗净，用清水提前浸泡 2 小时。排骨洗净斩块，"飞水"。生姜洗净略拍。干蚝豉洗净，用清水浸泡 30 分钟。苦瓜洗净，对半剖，去籽，切片，用盐水浸泡 20 分钟。

② 将黄豆、排骨、干蚝豉、生姜片同放入汤煲内，加足量清水，先大火烧沸，改小火煲 1.5 小时，然后下苦瓜片再煲 30 分钟，下盐、生抽调味。

Tips

民间常用此汤治疗感暑烦渴、暑疖、痱子过多、眼结膜炎等症。

功效：补肝清热、滋阴明目、提神益精、滋阴润燥

大芥菜腊鸭头煲排骨汤 夏

材料

大芥菜 600 克，腊鸭头 2 个，排骨 460 克，姜 1 片，生抽、盐适量。

做法

① 大芥菜洗净，切件；腊鸭头切件，去皮，放入滚水中煮 5 分钟，取起洗净。

② 将排骨放入滚水中煮 5 分钟，取起洗净斩块。

③ 将适量清水煲滚，放入大芥菜、腊鸭头、姜片、排骨煲滚，再改慢火煲 1.5 小时，试味，若味淡才下盐调味，因腊鸭头已有咸味。

功效：下火润燥、健脾益气

独脚金排骨汤 夏

材料

排骨 500 克，蜜枣 3 粒，独脚金 20 克，生姜 1 片，生抽、盐适量。

做法

① 独脚金、蜜枣略洗。排骨洗净后斩块，"飞水"。生姜洗净略拍。

② 锅内放入所有材料，加入足量清水，先大火烧开，撇去浮沫，改小火煲 2 小时，下盐、生抽调味即可。

Tips

此汤对于精神紧张、烦躁易怒、胁痛不适、口干口苦、失眠、夜梦多、易醒、高血压、头痛等症有食疗作用。

功效：清肝热、解郁结、健脾消积、清热杀虫

苦瓜苹果排骨汤 夏

材料

　　苦瓜1个，苹果1个，蜜枣2粒，无花果3粒，排骨300克，生姜2片，生抽、盐适量。

做法

　　① 苦瓜洗净，切开两边，去瓤、籽，洗净切片。苹果去蒂、核，洗净切块。蜜枣略洗。无花果洗净。生姜洗净略拍。排骨洗净斩块，"飞水"。

　　② 将所有材料同放入汤煲内，加适量清水，先大火烧开，撇去浮沫，改小火煲1小时，下盐、生抽调味。

Tips

苦瓜中的苦瓜素被誉为"脂肪杀手"，能使摄取脂肪和多糖减少。苹果有生津止渴、润肺除烦、健脾益胃、养心益气、润肠、止泻、解暑、醒酒等功效。

功效：健脾益胃、益精补血、滋阴润燥

白果玉竹排骨汤 秋

材料

　　排骨300克，白果仁10粒，玉竹、北沙参、南杏仁各20克，麦冬15克，生姜2片，生抽、盐适量。

做法

　　① 排骨洗净斩块，"飞水"。白果仁略洗。玉竹、北沙参、南杏仁、麦冬分别洗净。生姜洗净略拍。

　　② 将所有材料同放入汤煲内，加适量清水，先大火烧沸，改小火煲1.5小时，下盐、生抽调味。

Tips

此汤适用于肺阴不足之久咳、虚喘。

功效：滋阴壮阳、益精补血、清润养肺

凉瓜淮杞排骨汤 夏

材料

　　排骨500克，凉瓜（即苦瓜）1个（约350克），淮山30克，枸杞子一小把，桂圆肉10粒，生姜2片，生抽、盐适量。

做法

　　① 排骨洗净斩块，"飞水"。凉瓜从中剖开，去除瓤和籽，切成片。

　　② 淮山洗净，用清水浸泡30分钟。枸杞子冲一下。桂圆肉洗净。生姜洗净略拍后拍扁。

　　③ 除凉瓜片，其余的都放入汤煲内，加适量清水，先大火烧开，改小火煲1小时，然后下凉瓜片，再煲20分钟，下盐调味即可。

Tips

怕苦的人可以将切好的凉瓜片用开水焯一下。

功效：润脾补肾、补益气血、清热消暑

参麦雪梨排骨汤 秋

材料

　　排骨400克，太子参30克，麦冬10克，雪梨1个，南杏仁20克，生姜2片，生抽、盐适量。

做法

　　① 太子参、麦冬洗净。雪梨洗净，去蒂、核，切成粗块。南杏仁洗净。生姜洗净略拍。排骨洗净斩块，"飞水"。

　　② 将所有材料同放入汤煲内，加适量清水，先大火烧沸，改小火煲1.5小时，下盐、生抽调味。

功效：清燥润肺、益肺气、养肺阴

海底椰苹果排骨汤

材料

排骨300克，苹果1个，干海底椰20克，蜜枣2粒，生姜2片，生抽、盐适量。

做法

① 排骨洗净斩块，"飞水"。苹果去蒂、核，洗净连皮切块。蜜枣略洗。海底椰略洗。生姜洗净略拍。

② 将所有材料同放入汤煲内，加适量清水，先大火烧开，改小火煲1小时，下盐、生抽调味。

Tips

此汤清甜不腻，常喝可以滋润养颜，尤其适合秋季干燥季节饮用。

功效：润肺止咳、滋阴补肾、润肺养颜

山药萝卜排骨汤

材料

排骨400克，鲜山药300克，胡萝卜1个（约200克），生姜2片，红枣5粒，枸杞子一小撮，生抽、盐适量。

做法

① 排骨洗净斩块，"飞水"。鲜山药、胡萝卜分别去皮洗净，切块。红枣去核洗净。枸杞子冲一下。生姜洗净略拍。

② 将所有材料同放入汤煲内，加适量清水，先大火烧沸，改小火煲1小时，下盐、生抽调味。

功效：滋阴壮阳、益精补血、健脾养胃、清心润肺

淮山响螺排骨汤

材料

排骨400克，淮山30克，红枣5粒，枸杞子一小撮，桂圆肉10粒，干响螺片60克，生姜3片，生抽、料酒、盐适量。

做法

① 干响螺片放入清水中浸泡至软，洗净。排骨洗净斩块。将二者分别"飞水"。淮山用清水浸泡1小时，洗净。桂圆肉洗净。红枣去核洗净。枸杞子略洗。生姜洗净略拍。

② 将所有材料同放入汤煲内，加适量清水，先大火烧开，撇去浮沫，改小火煲1.5小时，下盐、生抽、料酒调味。

功效：润肺养脾、滋阴壮阳、益精补血、护肝明目

麦冬灵芝排骨汤

材料

排骨400克，麦冬10克，北沙参20克，灵芝（切片）30克，生姜2片，生抽、盐适量。

做法

① 排骨洗净斩块，"飞水"。麦冬、北沙参、灵芝分别洗净。生姜洗净略拍。

② 将所有材料放入汤煲内，加适量清水，先大火烧沸，撇去浮沫，改小火煲1.5小时，下盐调味。

Tips

灵芝味甘性平，能补肺润燥、化痰止咳。北沙参、麦冬均味甘性凉，能清热润肺、养阴生津。二者与灵芝配伍能增强其润肺养阴的功效，且两药补而不腻，清而不寒，是清补之佳品。

功效：清补滋养、补肺养阴、润肺止咳

五指毛桃排骨汤 冬

材料

五指毛桃 100 克，排骨 400 克，香菇 3 朵，蜜枣 2 粒，生姜 2 片，生抽、盐适量。

做法

① 五指毛桃洗净，用清水浸泡 15 分钟。排骨洗净斩块，"飞水"。香菇泡开去蒂，对半切洗净。蜜枣略洗。生姜略拍。

② 汤煲内放入所有材料，加足量清水，先大火烧开，改小火煲 1.5 小时，下盐、生抽调味。

功效：滋阴降火、健脾开胃、溢气生津、祛湿化滞、清肝润肺

红豆莲藕排骨汤 冬

材料

莲藕 500 克，排骨 400 克，红豆 30 克，蜜枣 2 粒，生姜 2 片，盐适量。

做法

① 莲藕切去藕节，刮皮洗净，切成块。排骨斩块洗净，"飞水"。红豆洗净，用清水浸泡 1 小时。蜜枣略洗。生姜洗净略拍。

② 汤煲内放入所有材料，加足量清水，先大火烧开，改小火煲 1 小时，下盐调味。

功效：益心健脾、清热解毒、利尿消肿、养颜活血

木耳香菇排骨汤 四季

材料

干木耳 10 克，干香菇 5 朵，胡萝卜 1 个（约 250 克），排骨 400 克，生姜 2 片，蜜枣 2 粒，生抽、盐适量。

做法

① 干木耳用清水浸发，洗净后切小朵。香菇泡开、去蒂，洗净，对半切。胡萝卜洗净去皮，切滚刀块。排骨洗净斩块，"飞水"。生姜洗净略拍。蜜枣略洗。

② 汤煲内放入所有材料，加足量清水，先大火烧开，改小火煲 1 小时，下盐、生抽调味。

Tips

胡萝卜素对促进婴幼儿的生长发育有重要作用。黑木耳中铁的含量极为丰富，常食能令人肌肤红润，还可防治缺铁性贫血。香菇素有"植物皇后"之称，常吃可以提高人体免疫力。

功效：滋阴润燥、强筋健骨

海带排骨汤

→ 材料

排骨 300 克，干海带一小扎，生姜 2 片，冬菇 3 朵，胡萝卜 1 个，生抽、盐适量。

→ 做法

① 排骨洗净斩块，"飞水"。

② 冬菇泡开去蒂，对半切。胡萝卜去皮洗净，切块。干海带用清水浸发，反复洗几次，冲净泥沙。生姜洗净略拍。

③ 将所有材料同放入汤煲内，加适量清水，先大火烧开，改小火煲 1 小时，下盐、生抽调味即可。

功效：滋阴壮阳、益精补血

Tips 海带是一种含碘量很高的海藻，多食海带能防治甲状腺肿大，还能预防动脉硬化，降低胆固醇与血脂的积聚。海带含有丰富的钙，可防人体缺钙，还有降血压的作用。

竹荪胡萝卜排骨汤

材料

竹荪5个，胡萝卜1个（约200克），排骨400克，生姜2片，红枣5粒，枸杞子一小撮，生抽、盐适量。

做法

① 竹荪用清水浸泡10分钟至发软，捞出洗净。排骨洗净斩块。将竹荪和排骨块分别"飞水"。

② 胡萝卜去皮洗净，切块。红枣去核洗净。枸杞子略洗。生姜洗净略拍。

③ 除竹荪外，将所有材料同放入汤煲内，加适量清水，先大火烧开，改小火煲1小时，然后再下竹荪煲30分钟，下盐、生抽调味。

功效：滋补强壮、健脾益气、宁神健体

芥菜黄豆排骨汤

材料

排骨300克，大芥菜250克，黄豆50克，珧柱一小把，冬菇4朵，生姜2片，大蒜4瓣，生抽、盐适量。

做法

① 排骨洗净斩块，"飞水"。黄豆洗净，提前用清水浸泡3小时。冬菇泡开去蒂，洗净对半切。生姜洗净略拍。珧柱洗净，用清水浸泡片刻。大蒜去衣，洗净略拍。大芥菜洗净，将茎与叶分别撕开。

② 除大芥菜的叶外，将所有材料同放入汤煲内，加适量清水，先大火烧开，撇去浮沫，改小火煲1.5小时，然后下大芥菜的叶烧煮一会，下盐、生抽调味。

功效：健脾益气、补髓养阴、润肠通便、缓解疲劳

莲子红枣排骨汤

材料

开边莲子50克，红枣10粒，薏米30克，枸杞子一小把，排骨400克，生姜2片，生抽、盐适量。

做法

① 莲子洗净。薏米洗净，提前用清水浸泡3小时。红枣去核洗净。枸杞子略洗。生姜洗净略拍。排骨洗净斩块，"飞水"。

② 将所有材料同放入汤煲内，加足量清水，先大火烧沸，撇去浮沫，改小火煲1.5小时，下盐、生抽调味。

Tips

此汤适合脾胃素虚、体质虚弱者食用。

功效：益肾固精、养心安神、利水消肿、养血健脾、补气和中

白萝卜炖排骨汤

材料

白萝卜500克，排骨400克，生姜1片，贻贝20克，生抽、盐适量。

做法

① 排骨洗净后斩块，"飞水"。白萝卜去皮，洗净后切大块。生姜洗净略拍。

② 砂锅内放入所有材料，加足量清水，先大火烧沸，撇去浮沫，改小火煲1小时，下盐、生抽调味。

Tips

排骨能补虚损、强筋骨，与萝卜同炖，气香味鲜，适合患厌食症小儿的辅助食疗。

功效：消食健胃、理气化痰

四季 **墨鱼花生排骨肠**

→ 材料

花生50克，红枣（去核）5粒，墨鱼1只（约200克），
排骨200克，生姜3片，生抽、盐适量。

→ 做法

① 墨鱼撕去外衣及内脏，洗净；排骨洗净、斩小块，
与墨鱼一同"飞水"；花生、红枣分别洗净。

② 砂锅内放入所有材料，加适量清水，先武火煲滚，
改文火煲1.5小时，下盐、生抽调味。

功效：养血补脾、润肺化痰、润肠通便

Tips 墨鱼蛋白质含量较高，适宜阴虚体质或贫血者食用，但脾胃虚寒
的人应少吃。红枣有补中益气、养血安神的作用。此汤能益气养血、
润肤养颜，尤其适合身体虚弱、气色不好者长期食用。

红薯炖排骨汤

材料

排骨500克，红薯300克，生姜1片，红枣5粒，贻贝20克，油、料酒、生抽、盐各适量。

做法

① 排骨洗净后斩成小块，"飞水"，用盐、油、料酒抓匀，腌制10分钟。红薯去皮，洗净后切成滚刀块。生姜略拍。红枣去核后洗净。

② 炖盅内放入所有材料，加足量清水，加盖，隔水大火炖1小时，下盐、生抽调味即可。

红薯能中和体内因过多食用肉食和蛋类所产生的过多的酸，保持人体酸碱平衡。

功效：润肠通便、排毒降脂

栗米葫芦排骨汤

材料

栗米心50克，栗米须50克，葫芦瓜1个，排骨100克，陈皮、盐各适量。

做法

① 将栗米心、栗米须、排骨、陈皮分别洗净，排骨斩件备用。取新鲜葫芦瓜1个，洗净，削去硬皮，切块备用。

② 在瓦煲内加入适量清水，先用猛火煲滚，然后加入以上全部材料，改用中火继续煲2小时，加盐调味即可。

功效：清热祛湿、利尿消肿

党参排骨汤

材料

排骨200克，党参30克，淮山15克，薏米30克，盐适量。

做法

① 排骨洗净，斩碎。党参、淮山、薏米洗净。

② 将材料一起放入沙煲内，加水适量，旺火煮沸后，再改用文火煲3小时，加盐调味即可。

功效：健脾、益肺、祛湿

洋参淮实排骨汤

材料

洋参25克，淮山50克，芡实50克，排骨500克，陈皮、盐各适量。

做法

① 先将洋参、淮山、芡实、排骨、陈皮分别洗净。洋参、淮山切片，排骨斩件，备用。瓦煲内加入适量清水，用猛火煲至水滚。

② 放入全部材料，改用中火继续煲3小时，加盐调味即可。

功效：清热祛湿、利尿消肿

猪脑

介绍

即猪脑髓，不仅肉质细腻，鲜嫩可口，而且含钙、磷、铁比猪肉多。民间有吃脑补脑之说，食用有很好的健脑功效。

性味

性寒，味甘；益虚劳，补骨髓，健脑。

○→ 营养成分

猪脑中含的钙、磷、铁比猪肉多，但胆固醇含量极高，100克猪脑中含胆固醇量高达3100毫克，是常见食物中含量最高的。

○→ 注意事项

由于猪脑中含大量的胆固醇，为所有食物中胆固醇含量最高者，因此，高胆固醇者及冠心病患者、高血压或动脉硬化所致的头晕头痛者不宜食用。有性功能障碍的人忌食，男性最好少食。常人也不宜多食。

○→ 选购要点

如何挑选猪脑，一是看猪脑的外观，正常的、新鲜的是脑髓膜无破裂外流，脑膜上的血管脉络清晰，无出血点或出血斑，颜色为肉红色；二是闻其是否有猪脑的特有腥味，不能有腐臭味；三是问猪脑的来源，路程的远近，如何储存和运输的；四是用手触摸猪脑，感受其是否有一定的弹性和质变，不能太硬，同时也不能太软或者发稀。

枸杞红枣炖猪脑　

材料

枸杞子一把，红枣5粒，猪脑1副，生姜2片，生抽、盐适量。

做法

① 红枣去核洗净。枸杞子略洗。猪脑挑去红筋膜，冲洗净后沥干水分。生姜洗净略拍。

② 将所有材料同放入炖盅内，加适量清水，加盖，隔水大火炖1小时，下盐、生抽调味。

Tips

多食用枣能提高机体抗氧化和免疫功能，延缓衰老。猪脑能补肝肾、益脑髓。

功效：养血明目、补脑益智

桂圆淮山猪脑汤

→ 材料

猪脑 3 副，淮山 25 克，桂圆肉、淮山各 15 克，姜 2 片，酒、清水、生抽、盐各适量。

→ 做法

① 将猪脑放入清水中浸泡，挑除浮起的红筋，取出，去除水分。淮山、桂圆肉、枸杞子洗净。

② 所有材料放入炖盅内，加入适量清水和酒，盖上盖炖 3 小时，下盐、生抽调味即可。

Tips 此汤适用于气血虚亏所致的头晕头痛、神经衰弱等虚弱之症。

猪肚

介绍	性味
即猪胃。具有治疗虚弱、泄泻、下痢、糖尿病、尿频、小儿疳积的功效，还能烹调出各种美食。	味甘，性微温，归脾、胃经。补虚损，健脾胃。

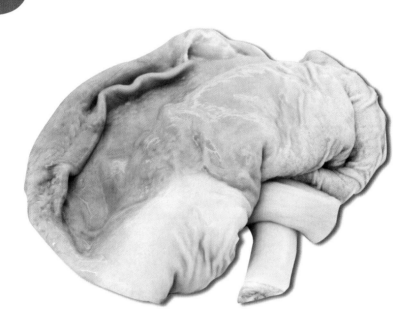

→ 营养成分

猪肚含有蛋白质、脂肪、碳水化合物、维生素及钙、磷、铁等，具有补虚损、健脾胃的功效，适用于气血虚损、身体瘦弱者食用。

→ 注意事项

猪内脏不宜储存，应随买随吃。

→ 选购要点

新鲜猪肚呈黄白色，手摸劲挺黏液多，肚内无结块、无硬粒，弹性较足。
变质猪肚呈淡绿色，黏膜模糊，组织松弛、易破、有腐败恶臭气味。

玉米须茅根猪肚汤

材料

猪肚 1 个，玉米须 30 克，白茅根 50 克，红枣 10 个，生姜 5 片，贴贝 20 克，生抽、盐适量。

做法

① 玉米须、白茅根分别洗净。红枣去核洗净。生姜洗净略拍。将猪肚翻转，用盐反复搓擦，然后用清水冲洗干净，"飞水"，捞出后切成小块。

② 将所有材料同放入汤煲内，加足量清水，先大火烧沸，撇去浮沫，改小火煲 1.5 小时至猪肚熟软，下盐、生抽调味。

Tips

此汤能清肝去火，适用于体内积毒、上火者饮用。

功效：健脾开胃、清热利水、平肝利胆

淮山芡实猪肚汤

材料

淮山、芡实各 30 克，白果仁 10 粒，猪肚 1 个，生姜 3 片，贴贝 20 克，生抽、盐适量。

做法

① 将猪肚翻转，用盐反复搓擦，用清水冲净，切成小片，"飞水"。白果仁洗净。生姜洗净略拍。淮山、芡实洗净，用清水浸泡 1 小时。

② 将所有材料同放入汤煲内，加适量清水，先大火烧沸，撇去浮沫，改小火煲 1.5 小时，下盐、生抽调味。

Tips

此汤适用于脾肺气虚、易患咳嗽、胃口欠佳、大便不调者食用。

功效：健脾益气、补肾祛湿

腐竹莲子猪肚汤

材料

腐竹、扁豆、淮山、水发冬菇各 30 克，猪肚 1 只，贴贝 20 克，生抽、盐、鸡精适量。

做法

① 将猪肚用生粉、盐反复洗净，去掉异味，"飞水"后切成条状。

② 与腐竹、扁豆、淮山、冬菇入锅烧开，文火煮 1.5 小时下盐、生抽调味即可。

功效：消暑除湿、健脾解毒、降脂健体

红枣芡实猪肚汤 秋

材料

猪肚 1 只，芡实 30 克，红枣 10 粒，盐适量。

做法

① 将猪肚翻转洗净，放入锅内，加清水适量，煮沸后捞起，去水，用刀轻刮净。

② 芡实、红枣（去核）洗净，莲子（去心）用清水浸泡 1 小时，捞起，一起放入猪肚内。

③ 猪肚放入锅内，加清水适量，武火煮沸后，文火煲 2 小时，加盐调味即可。

功效：健脾胃、益心肾、补虚损

猪心

介绍

即猪的心脏，是补益食品。常用于心神异常之病变。配合镇心化痰之药应用，效果明显。

性味

性平，味甘、咸，无毒。

→ 营养成分

猪心含蛋白质、脂肪、硫胺素、核黄素、尼克酸等成分，具有营养血液、养心安神的作用。

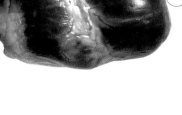

→ 注意事项

高胆固醇血症者忌食。

→ 选购要点

选购猪心时可依据猪心的颜色判别，心肌为红或淡红色，脂肪为乳白色或微带红色，心肌结实而有弹性，无异味。变质的猪心，心肌为红褐色，脂肪微绿有味，心肌无弹性，组织松软。另外，要格外留意有无白点，因为心肌是"米豆"分布最多的地方。

浮小麦猪心汤 〔春〕

材料

浮小麦 25 克，红枣 5 粒，新鲜猪心 1 个，桂圆肉 10 粒，生姜 2 片，生抽、盐适量。

做法

① 红枣去核洗净。桂圆肉、浮小麦分别洗净。生姜洗净略拍。猪心剖开，洗净血水，"飞水"，切片。
② 将所有材料同放入汤煲内，加适量清水，先大火烧沸，改小火煲 1 小时，下盐、生抽调味。

Tips

猪心能补虚、安神定惊、养心补血。浮小麦为水淘小麦浮于水面者，能养心安神、止虚汗、盗汗。

功效：健脾益气、安心宁神、健脑益智

莲子百合猪心汤

材料

莲子、百合各 25 克，桂圆肉 10 克，鲜猪心 1 个，生姜 2 片，生抽、盐适量。

做法

① 莲子洗净。百合洗净，先用清水浸泡 30 分钟。猪心剖开，去瘀血洗净，切成薄片，"飞水"。桂圆肉洗净。生姜洗净略拍。

② 将所有材料同放入汤煲内，加适量清水，先大火烧沸，改小火煲 1.5 小时，下盐、生抽调味。

Tips

此汤在考试期间可经常饮用。

功效：清心醒脾、养心安神、滋补元气、养血益智

莲子猪心汤

材料

猪心 1 个，莲子 60 克，太子参 30 克。生抽、盐适量。

做法

① 猪心剖开，洗净，"飞水"。莲子、太子参洗净。

② 全部用料放入锅内，加清水适量，武火煮沸后，文火煲 2 小时，调味即可。

Tips

此汤可用于神经衰弱而烦躁失眠、心悸属脾虚气弱者。

功效：补心健脾、养心安神

灵芝猪心汤

材料

灵芝 15 克，猪心 500 克，盐、料酒、味精、白糖、葱段、姜片、花椒、麻油、卤汁各适量。

做法

① 将灵芝去杂洗净，煎煮滤取药汁。将猪心破开洗净血水，与灵芝药汁、葱姜、花椒同置锅内，煮至六成熟捞起。

② 将猪心放卤汁锅内，用文火煮熟捞起，撇净浮沫。取卤汁，调入盐、味精、料酒、麻油，加热收成浓汁，均匀地涂在猪心里外即成。

功效：泽肤健美、益智健脑、延年益寿

桂圆炖猪心汤

材料

猪心 250 克，桂圆 30 克，精盐两小匙，味精一小匙。生抽适量。

做法

① 将猪心剪开，切掉白色部分，洗净，切成薄片，"飞水"。将桂圆剥皮，洗净。

② 将猪心片与桂圆一同放入砂锅内，先用大火煮沸，再用小火炖至猪心熟烂，放入调料即可。

Tips

猪心通常有异味，若处理不好，汤的味道就会大打折扣。买回猪心后，应立即在少量面粉中"滚"一下，放置 1 小时后再用清水洗净，这样烹炒出来的猪心才会味美纯正。

功效：加强心肌营养，增强心肌收缩力

猪肝

<table>
<tr><td>

介绍

即猪的肝部，含有丰富的营养成分，具有营养保健功能。

</td><td>

性味

味甘、苦，性温，归肝经。

</td></tr>
</table>

→ 营养成分

富含维生素 A 和微量元素铁、锌、铜以及抗坏血酸，鲜嫩可口。有补肝、明目、养血的功效。用于血虚萎黄、夜盲、目赤、浮肿、脚气等症。

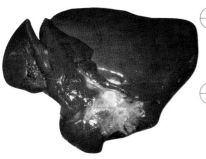

→ 注意事项

患有高血压、冠心病、肥胖症及血脂高的人忌食猪肝，因为肝中胆固醇含量较高。有病而变色或有结节的猪肝忌食。

→ 选购要点

视猪肝的外表判断，颜色紫红均匀、表面有光泽的为正常猪肝。用手触摸感觉有弹性、无水肿、无脓肿、无硬块的为正常猪肝。病变猪肝颜色发紫，剖切后向外溢血，偶尔长有水泡。

枸杞叶猪肝汤 （夏）

材料

枸杞叶 200 克，猪肝 250 克，生姜 2 片，枸杞子一小撮，油、香油、盐各适量。

做法

① 枸杞叶洗净沥干水。猪肝洗净，切成薄片。生姜洗净略拍。枸杞子冲净。
② 烧热镬下油，下姜片爆香，倒入猪肝片，溅料酒，炒出香味，加适量清水，大火烧开后，倒入枸杞叶同煮片刻，浇上香油，下盐调味。

功效：补虚益精、清热止渴、补血明目、健胃清肠

桑叶猪肝汤 （夏）

材料

猪肝 150 克，桑叶 20 克，豆粉、油、盐适量。

做法

① 将猪肝洗净切片，用豆粉、油、盐调匀。
② 用适量清水，先放少量姜片和桑叶，煮滚后改用慢火，放入猪肝，加油、盐调味，再煮片刻即可。

功效：明目养血、治结膜炎和夜盲症

菠菜猪肝汤 秋

材料

菠菜 150 克，猪肝 200 克，生姜 2 片，淀粉、油、盐各适量。

做法

① 菠菜去根，洗净切段，"飞水"。生姜洗净略拍。猪肝洗净切薄片，用盐、油、淀粉拌匀，腌渍 10 分钟。

② 烧热镬下油，下姜片爆香，倒入猪肝片爆炒出香味，然后加入适量清水，大火烧开，倒入菠菜略滚一下，下盐调味。

Tips

做菠菜时，先将菠菜用开水烫一下，可除去 80% 的草酸，然后再炒、拌或做汤就好。

功效：滋肝补血、明目健体

番茄玉米猪肝汤 秋

材料

番茄 1 个，玉米 1 个，猪肝 200 克，生姜 2 片，盐、白醋、香油各适量。

做法

① 用刀切去猪肝表面的筋膜，洗净后切成薄片，装碗内，倒入适量白醋，浸泡 20 分钟，然后清水冲净，用少许淀粉、油抓匀，腌渍 10 分钟。番茄去蒂，洗净切成 4 瓣。玉米洗净斩段。生姜洗净略拍。

② 锅内加适量清水，先大火烧开，转小火，倒入玉米、番茄和生姜，略煮片刻，然后再倒入猪肝煮至变色，淋上香油，下盐、白醋、香油调味。

功效：生津止渴、健胃消食、滋肝明目、解腻降脂

鲜菊肝片汤 秋

材料

鲜菊花 20 片，猪肝 200 克，淀粉、味精、盐各适量。

做法

① 将菊花洗净，摘取花瓣，去花托；猪肝去筋膜洗净，切薄片，放入碗内，用盐、淀粉腌 10 分钟。

② 将菊花、浆好的猪肝片放入开水锅内，用大火煮至猪肝熟时，加盐、味精少许调味即可。

功效：滋肝补血、明目健体

淮山红枣炖猪肝 秋

材料

淮山 20 克，枸杞子一小把，猪肝 150 克，红枣 5 粒，生姜 1 片，生抽、盐适量。

做法

① 淮山洗净，用清水浸泡 30 分钟。枸杞子略洗。红枣去核洗净。生姜洗净略拍。猪肝洗净切薄片 "飞水"。

② 将所有材料同放入炖盅内，加适量清水，加盖，隔水大火炖 2 小时，下盐、生抽调味。

Tips

此汤尤其适合体弱贫血、视力下降者饮用。

功效：滋养肝肾、益气生精

猪肺

介绍

即猪的肺部肉,色红白,适于炖、卤、拌。

性味

味甘,性平,微寒,有止咳、补虚、补肺之功效。

⟶ 营养成分

富含人体所必需的营养成分,包括蛋白质、脂肪、钙、磷、铁、烟酸以及维生素 B_1、维生素 B_2 等。

⟶ 注意事项

猪肺加梨、白菜干、剑花干具有润肺止咳功效。猪肺加沙参、玉竹、百合、杏仁、无花果、罗汉果、银耳,具有滋阴生津、润肺止咳功效。与猪肺相克的食物:猪肺忌白花菜、饴糖同食,同食会腹痛、呕吐。猪肺为猪内脏,内隐藏大量细菌,必须清洗干净且选择新鲜的肺来煮食。另外,便秘和痔疮者不宜多食猪肺。

⟶ 选购要点

选购猪肺时应根据猪肺的色泽判断,表面色泽粉红、光泽、均匀,富有弹性的为新鲜肺。变质肺其色为褐绿或灰白色,有异味,不能食用。如见肺上有水肿、气块、结节以及脓样块节外表异常的也不能食用。

鱼腥草煲猪肺汤

材料

猪肺 1 副,鱼腥草 250 克,罗汉果 1/2 个,生抽、盐适量。生姜 3 片。

做法

① 把猪肺的气管口对准水龙头往里灌水,待猪肺膨胀到不能再膨胀的时候,把里面的血水挤出,如此反复多次,直至猪肺颜色转变为粉红或白色,再用清水浸泡 30 分钟,切块,"飞水"。烧热锅,无需放油,将猪肺倒入翻炒至水干,盛起。
② 鱼腥草漂洗干净。罗汉果只取果囊,全部掰碎。
③ 将所有材料放入汤锅内,加入足量清水,先大火烧沸,转小火煲 1.5 小时,下盐、生抽调味。

Tips

此汤有清热解毒、祛痰化湿、润肺顺气的功效,对预防呼吸道疾病有辅助疗效。此汤还能健脾利尿,降脂降压。

功效:清热解毒、利尿消肿、滑肠通便

菜干蜜枣猪肺汤

材料

白菜干 100 克，猪肺 1 个，南杏仁、北杏仁各 10 克，蜜枣 2 粒，生姜 3 片，生抽、盐适量。

做法

① 白菜干用清水浸软，洗净切段。南杏仁、北杏仁分别洗净。蜜枣略洗。生姜洗净略拍。猪肺用清水对准喉管，用清水反复灌洗干净，挤干血水，切块，放入热镬中爆炒至水分干后盛出，用清水洗净。

② 将所有材料同放入汤煲内，加适量清水，先大火烧沸，撇去浮沫，改小火煲 2 小时，下盐、生抽调味。

Tips

猪肺能补肺止咳，与白菜干、杏仁、蜜枣合用，既能补肺润肺，又能补虚健体。

功效：清肺润燥、化痰止咳

银耳杏仁猪肺汤

材料

银耳半朵，南杏仁 10 粒，无花果 6 粒，猪肺半副，猪腰肉 200 克，生姜 3 片，生抽、盐适量。

做法

① 银耳用清水浸发，去蒂，洗净后撕成小朵。南杏仁洗净用清水浸泡 30 分钟。无花果洗净。生姜洗净略拍。

② 猪腰洗净切小方块。猪肺冲洗干净，切成块，用盐抓匀，腌渍 10 分钟，用清水冲干净。将猪腰和猪肺分别"飞水"。

③ 将所有材料同放入汤煲内，加适量清水，先大火烧开，改小火煲 1.5 小时，下盐、生抽调味。

功效：滋阴润肺、养胃生津、润燥滋补

塘葛菜胡萝卜猪肺汤

材料

塘葛菜 300 克，猪肺 1 副，胡萝卜 1 个，生姜 3 片，生抽、盐适量。

做法

① 塘葛菜去杂、黄叶，洗净。猪肺用清水对准喉管反复冲洗，挤净血水，冲洗干净后切块，入热镬干炒至肺块干水。胡萝卜去皮，洗净切块。生姜洗净略拍。

② 将所有材料同放入汤煲内，加适量清水，先大火烧沸，撇去浮沫，改小火煲 2 小时，下盐、生抽调味。

Tips

此汤适用于肺燥热的咳嗽以及咽喉不利等症。胡萝卜能健脾化滞，可治消化不良。

功效：健脾化滞、清肺化痰、降气止咳

霸王花南杏猪肺汤

材料

猪肺 1 副，南杏仁 25 克，霸王花 25 克，盐适量。

做法

① 猪肺喉部套入水龙头，令猪肺充水，反复挤搓揉净泡沫，切块。

② 加入南杏仁、霸王花、清水，煲 3.5 小时，加盐调味即可。

功效：润燥滑肠，治大便秘结

秋 杏仁炖猪肺

→ **材料**

杏仁 50 克，猪肺 500 克，生抽、盐适量。生姜 3 片。

→ **做法**

① 将杏仁去皮尖、捣烂。将猪肺洗净血污，切小块，"飞水"。生姜洗净略拍。

② 砂锅内放入所有材料，加清水适量，先大火烧开，改文火炖 2 小时至猪肺熟软，下盐、生抽调味。

功效：补肺祛痰、止咳平喘

Tips 甜杏仁是一种健康食品，常食不仅不会增加体重，还能促进皮肤微循环，使皮肤红润光泽，有美容的功效。所以，想保持窈窕身材的女士可以把甜杏仁当作零食，不仅可以解馋，而且不用担心发胖。

菜干南北杏猪肺汤 秋

材料

猪肺1副，菜干100克，猪脊骨200克，南杏、北杏各10粒，蜜枣2粒，生姜3片，生抽、盐适量。

做法

① 将猪肺上的喉管对准水龙头灌水，待猪肺充满水胀大，将猪肺内的血水挤出，如此进行多次，直至猪肺变白。将洗好的猪肺切成小块，"飞水"，烧热镬不下油，下猪肺块煸炒，用锅铲用力压猪肺，将黑色的泡沫压出来，炒至猪肺变色即可。将猪肺倒出，洗净沥干水。

② 白菜用清水浸软，洗净，切段。猪脊骨洗净斩块"飞水"。生姜洗净略拍。南北杏洗净，用清水浸30分钟。蜜枣略洗。

③ 将所有材料同放入汤煲内，加适量清水，先大火烧沸，改小火煲2小时，下盐、生抽调味。

Tips

此汤尤其适合秋燥天气食用。

功效：补肺润燥、养心调血、益气生津、祛痰宁咳

南北杏无花果煲猪肺 秋

材料

南杏仁20克，北杏仁10克，干百合20克，无花果5个，猪肺1副，生姜3片，生抽、盐适量。

做法

① 将水龙头对准喉管灌注清水，然后使劲挤压猪肺，挤出脏水，冲洗干净，切成块，"飞水"，然后放入烧热不放油的镬内炒至水干盛起。南杏仁、北杏仁、干百合分别洗净，用清水浸泡3小时。无花果洗净。生姜洗净略拍。

② 将所有材料同放入汤煲内，加适量清水，先大火烧沸，撇去浮沫，改小火煲2小时，下盐、生抽调味。

Tips

此汤尤其适合天气干燥或肺气弱、易咳嗽者饮用，也可用于肺炎恢复期调补身体。

功效：润肺益气、化痰止咳

玉竹无花果陈皮猪肺汤 秋

材料

猪肺1副，玉竹50克，无花果6粒，陈皮1角，盐适量。

做法

① 将猪肺的喉部套入水龙头上，灌入清水让猪肺涨大充满水，用手挤压令水出，反复多次，直至将猪肺洗至白色，再将猪肺切块，放入滚水中煮5分钟，捞起。

② 玉竹、无花果、陈皮洗净，无花果切开边。

③ 瓦煲内放入清水，用猛火煲至水滚，加入以上材料，改用中火煲两小时，加盐调味即可。

功效：滋阴润燥，防治大便秘结

秋

川贝雪梨炖猪肺

→ 材料

川贝母5克，雪梨1只，猪肺半副，冰糖少许。生抽、盐适量。

→ 做法

① 川贝母洗净；雪梨去皮，切成小块；猪肺沈净，挤去泡沫，切成块，"飞水"，烧热锅不放油干炒至水干然后盛起。

② 所有原料一起放入砂锅，加冰糖和适量水，煮沸后改文火炖1.5小时。

功效：养阴、润肺、止咳

剑苦猪肺汤

材料

鲜猪肺 1 副，南北杏各 15 粒，剑花干品 30 克，蜜枣 2 粒，生姜 3 片，生抽、盐适量。

做法

① 将猪肺上的喉管对准水龙头灌水，待猪肺充满水胀大，将猪肺内的血水挤出，如此进行多次，直至猪肺变白。将洗好的猪肺切成小块，"飞水"，烧热镬不下油，下猪肺块煸炒，用锅铲用力压猪肺，将黑色的泡沫压出来，炒至猪肺变色即可。将猪肺倒出，洗净沥干水。

② 南北杏洗净。剑花用清水浸软，洗净。蜜枣略洗。生姜洗净略拍。

③ 将所有材料同放入汤煲内，加适量清水，先武火烧沸，改文火煲 1 小时，下盐、生抽调味即可。

功效：润肺平喘、生津开胃

罗汉果煲猪肺

材料

罗汉果 1/3 个，猪肺 1 个，南北杏 15 克，菜干 75 克，盐适量。

做法

① 将猪肺灌水至膨胀，使猪肺内之血水全流出，直至猪肺变白为止，切件，"飞水"，再加姜汁、酒用大火炒透。罗汉果只取果囊，南北杏洗净，菜干浸软开，洗净切段。

② 用适量清水，放入全部材料煲滚，慢火煲 2 小时，调味即可。

功效：润肺化痰

白菜猪肺汤

材料

白菜 500 克，蜜枣 2 粒，猪肺半副，生姜 3 片，生抽、盐适量。

做法

① 白菜洗净，切粗段。蜜枣略洗。生姜洗净略拍。猪肺用清水冲洗，使劲挤干血水，切成小块，"飞水"，入干镬炒至干水盛起，然后反复用水冲净。

② 除白菜外，将所有材料同放入汤煲内，加适量清水，先大火烧沸，改小火煲 1 小时，再下白菜煲 30 分钟，下盐、生抽调味。

Tips

此汤尤其适合肺热咳嗽、痰稠、唇红、便秘者饮用，也适合天气干燥时易患扁桃腺炎、喉炎的小孩饮用。平日饮用能清理肺胃热滞。

功效：清热润肺、通利胃肠

猪蹄

介绍

即猪的脚部（蹄）和小腿，也叫元蹄、猪四足。具有补虚弱，填肾精等功能。含有丰富的胶原蛋白质，对老年人神经衰弱（失眠）等有良好的治疗作用，也能养血、通络、下乳，适用于产后体质虚弱、乳汁不足者。

性味

性平，味甘、咸。

➔ 营养成分

含有较多的蛋白质、脂肪和碳水化合物，并含有钙、磷、镁、铁以及维生素 A、维生素 D、维生素 E、维生素 K 等有益成分，还含有丰富的胶原蛋白质，含胆固醇。

➔ 注意事项

由于猪蹄中的胆固醇含量较高，因此有胃肠消化功能减弱的老人一次不能过量食用；而患有肝胆病、胆囊炎、胆结石、动脉硬化和高血压病的人应当少吃或不吃。晚餐吃得太晚或临睡前不宜吃猪蹄，以免增加血粘度。

➔ 选购要点

一看蹄的颜色，应尽量买接近肉色的，过白、发黑的及颜色不正的勿买。二要用鼻子闻一下，新鲜的猪蹄有肉的味道，经过化学物质处理的或者腐烂变质的，有刺激性味道或有臭味的千万不要购买。三最好挑选有筋的猪蹄，有筋的猪蹄不但好吃，而且含有丰富的胶原蛋白，不仅营养丰富，还能美容养颜。

黄豆煲猪手 （夏）

材料

猪手 2 只，黄豆 100 克，生姜 5 片，贻贝 20 克，生抽、料酒、盐适量。

做法

① 猪手刮净杂毛，洗净斩块，"飞水"。黄豆用清水浸泡 3 小时，洗净备用。生姜洗净略拍。

② 将所有材料同放入汤煲内，加适量清水，先大火烧开，撇去浮沫，改小火煲 2 小时，下盐、生抽、料酒调味。

Tips

此汤适宜虚弱者使用，尤其适用于妇女产后缺乳，养血通乳，促进乳汁分泌，也适合孕前调养身体，保健食疗。

功效：美容养颜、补虚开胃

山药百合猪蹄汤 秋

材料

鲜山药 500 克，百合 50 克，猪蹄 2 只，生姜 5 片，枸杞子一小撮，红枣 6 粒，贻贝 20 克，生抽、料酒、盐适量。

做法

① 鲜山药去皮，洗净切块。百合提前用清水浸泡 2 小时，洗净备用。生姜洗净略拍。枸杞子略洗。红枣去核洗净。猪蹄刮净杂毛，洗净斩块，"飞水"。

② 除山药外，将所有材料同放入汤煲内，加适量清水，先大火烧开，撇去浮沫，改小火煲 1 小时，再下山药煲 30 分钟，下盐、生抽、料酒调味。

Tips

猪蹄含有丰富的胶原蛋白质，脂肪含量也比肥肉低，常食能增强皮肤弹性和韧性，延缓衰老。山药含有淀粉酶、多酚氧化酶等物质，有利于脾胃消化吸收功能，是一味平补脾胃的药食两用之品。

功效：美肤养颜、润肺止咳、清心安神、健脾益胃

香菇薏米煲猪手 春

材料

薏米 50 克，香菇 3 朵，猪手 1 只，瘦肉 100 克，生姜 3 片，贻贝 20 克，生抽、料酒、盐适量。

做法

① 薏米去杂洗净，浸泡 3 小时。香菇泡开去蒂洗净。猪手刮去杂毛，洗净斩块，"飞水"。瘦肉洗净切小块"飞水"。生姜洗净略拍。

② 将所有材料同放入汤锅内，加足量清水，先大火烧沸，改小火煲 1.5 小时，下盐、生抽、料酒调味。

Tips

薏米味甘、淡，性凉，有健脾、补肺、清热、利湿的功效，常用于湿痹、筋脉拘挛、屈伸不利、水肿、脚气、淋浊、白带等症。此汤适用于精血两虚，肌肤不润者以及春日疣病患者。

功效：调经养血、祛湿去疣

陈皮花生煲猪蹄 秋

材料

猪蹄 2 只（约 600 克），花生仁、黄豆各 100 克，桂圆肉 10 粒，陈皮 1 块，生姜 2 片，生抽、料酒、盐适量。

做法

① 花生仁、黄豆分别洗净，用清水浸泡 30 分钟。桂圆肉、陈皮洗净。生姜洗净略拍。猪蹄刮除杂毛，洗净斩大块，"飞水"。

② 将所有材料同放入汤煲内，加适量清水，先大火烧开，改小火煲 2 小时，下盐、生抽、料酒调味即可。

Tips

此汤适合产后妇女促进乳汁分泌食用。

功效：补益心脾、养血安神、益气养血、润肤养颜

猪䐡

→ 营养成分

脂肪含量极少，高蛋白，低脂肪，高维生素。猪䐡肉纤维较为细软，结缔组织较少，肌肉组织中含有较多的肌间脂肪，因此，经过烹调加工后肉味尤为鲜美，为人提供优质蛋白质和必需的脂肪酸、血红素（有机铁）和促进铁吸收的半胱氨酸，能改善缺铁性贫血。

→ 注意事项

湿热痰滞内蕴者慎服；肥胖、血脂较高者不宜多食。猪肉不宜与乌梅、甘草、鲫鱼、虾、鸽肉、田螺、杏仁、驴肉、羊肝、香菜、甲鱼、菱角、荞麦、鹌鹑肉、牛肉同食。食用猪肉后不宜大量饮茶。

→ 选购要点

优质的猪䐡肉脂肪白而硬，且带有香味。肉的外面往往有一层稍带干燥的膜，肉质紧密，富有弹性，手指压后凹陷处立即复原。次鲜肉肉色较鲜肉暗，缺乏光泽，脂肪呈灰白色。

雪梨无花果猪腒汤

材料

猪腒肉 400 克，雪梨 2 个，无花果 12 个，南北杏 30 克，蜜枣 2 粒，盐适量。

做法

① 猪腒肉切厚片。雪梨去皮、核，切厚片。无花果洗净。南北杏洗净。蜜枣略洗。

② 沙锅水煲开，放入所有材料，煲 2 小时，下盐调味即可。

功效：健胃润肠

老黄瓜煲猪腒汤

材料

老黄瓜 1 条 (约 500 克)，猪腒肉 250 克，蜜枣 1 粒，生姜 1 片，生抽、盐适量。

做法

① 老黄瓜洗净，对半剖开，去除瓤、籽，洗净切粗块。猪腒肉洗净切成小块，"飞水"。蜜枣略洗。生姜洗净略拍。

② 将上述材料同放入汤煲内，加适量清水，先大火烧沸，改小火煲 1.5 小时，下盐调味。

Tips

此汤尤其适用于暑热烦渴、食欲不佳者饮用。

功效：清热消暑、祛除湿毒、降压利尿

霸王花煲猪腒汤

材料

霸王花 100 克，猪腒肉 400 克，蜜枣 4 粒，生抽、盐少许，清水 10 碗。

做法

① 猪腒肉原块洗净，霸王花浸软洗净，蜜枣去核略洗。

② 把蜜枣和霸王花同放入瓦煲内，加清水，旺火烧滚，下猪腒肉滚约 20 分钟，改中火煲约 30 分钟，以文火煲至汤水余下 4~5 碗左右，以盐调味。

功效：清热去燥、止咳化痰

杏仁西洋菜猪腒汤

材料

猪腒肉 300 克，西洋菜 250 克，南杏仁 30 克，罗汉果 1/4 个，生姜 2 片，生抽、盐适量。

做法

① 猪腒肉洗净切小块，"飞水"。西洋菜去除黄叶、根，洗净摘短。南杏仁洗净。罗汉果只取果囊捏碎。生姜洗净略拍。

② 将所有材料同放入汤煲内，加适量清水，先大火烧沸，改小火煲 1.5 小时，下盐、生抽调味。

功效：健脾养胃、滋阴润燥、止咳化痰、润肠通便

雪梨枣仁炖猪䐑汤

材料

　　猪䐑肉 20 克，雪梨 3 个，枣仁 3 粒，五味子 20 克，生姜 3 片，盐适量。

做法

　　① 淋湿雪梨，用少许盐揉搓表皮，洗净，每个切 6 瓣，去芯。生姜洗净略拍。
　　② 五味子和酸枣洗净。猪䐑洗净，切块，氽水捞起。
　　③ 煮开清水，放入所有材料，煮沸后转中小火煲 2 小时，下盐调味即可。

功效：宁心安神、滋补五脏

栗子猪䐑汤

材料

　　猪䐑肉 500 克，栗子 200 克，淮山 100 克，陈皮 2 片，贻贝 20 克，生抽、盐适量。

做法

　　① 栗子去壳，用滚水拖过，去衣。陈皮浸软，刮白。淮山洗净、猪䐑肉洗净，切块，"飞水"。
　　② 将全部材料放入清水煲内，大火煲滚后，改慢火煲 1.5 小时，调味即可。

功效：养胃健脾、补肾强筋

苹果胡萝卜煲猪䐑

材料

　　苹果 2 个，胡萝卜 1 根，蜜枣 3 粒，猪䐑肉 500 克，老姜 2 片，生抽、盐适量。

做法

　　① 罗汉果洗净。西洋菜洗净，摘好。
　　② 猪䐑肉洗净，切片，"飞水"。
　　③ 煮沸清水，放入所有材料，武火煮沸，转小火煲 1.5 小时，下盐、生抽调味即可。

Tips

水质不够好时煲汤往往会因为水质对汤的品质产生影响。这时可使用经过熟制烧开过的水或市售的蒸馏水来煲汤。

功效：清热润燥、滋养肺阴、化痰止咳

雪梨炖猪䐑汤

材料

　　雪梨 3~4 人份，酸枣仁 3 粒，五味子 20 克，猪䐑肉 200 克，生姜 2 片，水 8 碗。生抽、盐适量。

做法

　　① 淋湿雪梨，用少许盐揉搓表皮，接着冲洗干净，每个切 6 瓣，去心。五味子和酸枣洗净。猪䐑洗净，切块，"飞水"。生姜洗净略拍。
　　② 煮沸清水，放入所有材料，煮沸后转中小火煲 1.5 小时，下盐、生抽调味即可。

功效：宁神清热、滋补五脏

猪腱

介绍	性味
即猪大腿上的肌肉，包括前腿和后腿内的腱子肉。有肉膜包裹，内藏筋，硬度适中，纹路规则，最适合卤味。	味甘、咸。性平。有滋阴润燥、滋肾阴、补虚之效。可治瘦弱、干咳、便秘、营养不良等症。

营养成分

富含优质蛋白质和必需的脂肪酸、血红素（有机铁）和促进铁吸收的半胱氨酸，能改善缺铁性贫血。

选购要点

新鲜猪腱颜色呈淡红或者鲜红，不新鲜的则往往为深红色或者紫红色。

苹果雪梨猪腱汤　夏

材料

猪腱肉 300 克，银耳 30 克，苹果 2 个，雪梨 2 个，生姜 3 片，蜜枣 1 粒，生抽、盐适量。

做法

① 将苹果、雪梨、猪腱洗净。
② 猪腱肉切块，"飞水"，去腥味。苹果、雪梨去皮、去心，每个切四块。
③ 煮沸清水，放入全部材料，用大火煮 15 分钟后改小火熬煮 1 小时 15 分钟，下盐、生抽调味即可。

功效：养阴润燥、生津止渴

珧柱节瓜猪腱汤　秋

材料

节瓜 500 克，珧柱一小把，眉豆 30 克，猪腱肉 300 克，生姜 1 片，生抽、盐适量。

做法

① 节瓜去皮，洗净切粗块。猪腱肉洗净切小块，"飞水"。珧柱略洗。眉豆洗净，用清水浸泡 1 小时。生姜洗净略拍。
② 除节瓜外，将所有材料同放入汤煲内，加适量清水，先大火烧沸，改小火煲 1 小时，然后下节瓜再煲 30 分钟，下盐、生抽调味。

功效：滋阴益气、清热健脾

西洋菜蜜枣猪腒肉汤

材料

西洋菜 500 克，猪腒肉 300 克，蜜枣 2 粒，胡萝卜一小段，生姜 2 片，生抽、盐适量。

做法

① 西洋菜用水清洗两遍，用淡盐水泡半个小时。蜜枣用水略冲一下表面灰尘。胡萝卜去皮后，滚刀切成块。猪腒肉切块后，飞水洗干净浮沫。生姜洗净略拍。

② 水开后放下猪腒肉、蜜枣、胡萝卜煲，大火烧开后转中小火煲 40 分钟。下盐、生抽调味即可。

功效：补血益气、强身健体

淮山白术荷叶猪腒汤

材料

白术 25 克，新鲜荷叶 3 张，淮山 50 克，猪腒 300 克，陈皮一角。生抽、盐适量。

做法

① 白术、淮山切片、浸透。新鲜荷叶选荷叶的中心部分洗净。陈皮洗净。猪腒洗净，切块，"飞水"。

② 瓦煲内加清水，用猛火煲至水滚，放入以上材料，改用中火煲 3 小时，下盐、生抽调味即可。

功效：补益健脾

猪横脷

介绍

即猪的脾脏，属于免疫器官。长在猪的腹部之中，与肠道横着连在一起，像长舌，广东话叫做"猪横脷"（广东人将舌头不叫"舌"，叫"脷"，又因为像横着的长舌，所以称之为"横脷"）。

性味

性平，味甘，无毒，具有益肺、补脾、润燥功能。

→ 营养成分

猪横脷有健脾胃、助消化、润燥生津的功效，也可辅助治疗糖尿病。

→ 注意事项

猪横脷胆固醇含量较高，不宜多吃。

→ 选购要点

新鲜的猪横脷色泽棕红，肉质坚实有弹性，反则色泽较暗，表面湿润而黏手。

鸡骨草煲猪横脷   春

材料

猪横脷 1 条，鸡骨草 50 克，蜜枣 2 粒，生姜 3 片，生抽、盐适量。

做法

① 猪横脷切掉中间的白脂，清洗干净，切成小件。生姜洗净略拍。

② 鸡骨草斩开成小段，捞洗几次，洗干净沙尘。

③ 把全部材料放入汤煲里，加入适量清水，大火煮开后，转慢火煲 1.5 小时，下盐、生抽调味。

> **Tips**
>
> 此汤是广东民间有名的中药食疗汤品，而且能辅助治疗膀胱湿热引起的小便疼痛以及急性肺炎、慢性肺炎等。

功效：清热利湿、舒肝健脾

赤小豆粉葛蜜枣猪横脷汤   夏

材料

赤小豆 50 克，粉葛 750 克，蜜枣 6 粒，猪横脷 2 条，猪瘦肉 250 克，生姜 3 片。生抽、盐适量。

做法

① 赤小豆洗净，浸泡 2 小时。蜜枣略洗。粉葛去皮、洗净切片。猪横脷洗净，刮去油脂，并稍滚片刻。猪瘦肉洗净，不用刀切。生姜洗净略拍。

② 所有材料一起与生姜放进瓦煲内，加入清水 3000 毫升（约 12 碗水），武火煲沸后改文火煲 2 小时，调入适量盐、生抽便可。

功效：清燥润肺、生津止渴、健脾开胃

淮山煲猪横脷汤

材料

　　淮山 40 克，猪横脷 2 条，莲子 40 克，排骨 400 克。贻贝 20 克，生抽、盐适量。

做法

　　① 猪横脷、排骨出水过冷河。放适量水煲滚，放下淮山、莲子、排骨、猪横脷煲滚。

　　② 慢火煲 2 小时，下盐调味。

功效：补脾开胃、养气益肾

粟米花生猪横脷汤

材料

　　粟米 2 条，花生 80 克，红枣 6 粒，猪横脷 2 条，瘦肉 200 克，陈皮 1/8 个，生姜 3 片。贻贝 20 克，生抽、盐适量。

做法

　　① 粟米洗净，不切段；花生、红枣、陈皮洗净，稍浸泡；猪横脷洗净，刮去脂膜；猪排骨洗净，斩块并用刀背敲裂。

　　② 所有材料一起放进瓦煲内，加入清水 3000 毫升（约 14 碗水量），武火煲滚后改文火煲 2 小时，调入适量盐即可。

功效：健脾利脾、祛湿

淮山黄芪猪横脷汤

材料

　　淮山、黄芪、生地各 30 克，山萸肉 10 克，猪横脷 2 条，瘦肉 100 克，生姜 2 ～ 3 片。生抽、盐适量。

做法

　　① 洗净汤料，稍浸泡；瘦肉洗净，不用刀切；猪横脷洗净，用刀尖挑去脂肪，切为片状，并用少许生抽、生粉和酒拌腌 15 分钟。

　　② 先把药材、瘦肉和生姜放进瓦煲内，加入 10 碗水，武火煲沸后改为文火煲 2 小时，再加入猪横脷武火煲 15 分钟，下盐调味即可。

功效：滋阴润燥、生津止渴

胡萝卜玉米煲猪横脷

材料

　　胡萝卜 1 根，玉米 1 个，脊骨 250 克，猪横脷 2 条，老姜 1 片，猪肉 150 克，盐适量。贻贝 20 克，生抽、盐适量。

做法

　　① 先将脊骨、猪肉斩件。胡萝卜去皮切块。玉米洗净切块。猪横脷洗净切件。

　　② 用瓦煲烧水至滚后，放入脊骨、猪肉、猪横脷，煮去表面血沫，倒出洗净。

　　③ 用瓦煲装清水，煲滚后，放入脊骨、猪肉、猪横脷、胡萝卜、玉米、老姜煲 2 小时，下盐调味即可。

功效：调节视力、改善肌肤、利尿利胆

介绍	性味
即牛身上的肉，为常见的肉品之一。来源可以是奶牛、公牛、小母牛和阉牛。	性平，味甘，归脾、胃经。

牛肉

→ 营养成分

富含蛋白质，氨基酸组成比猪肉更接近人体需要，能提高机体抗病能力，对生长发育及术后、病后调养的人在补充失血、修复组织等方面特别适宜，是寒冬暖胃的补益佳品。

→ 注意事项

有皮肤病、肝病、肾病的人不宜食用牛肉。高胆固醇、高脂肪、老年人、儿童、消化力弱的人不宜多食。

→ 选购要点

新鲜牛肉有光泽，红色均匀稍暗，脂肪为洁白或淡黄色，外表微干或有风干膜，不粘手，弹性好，有鲜肉味。老牛肉色深红，质粗；嫩牛肉色浅红，质坚而细，富有弹性。

淮山枸杞炖牛肉 冬

材料

淮山20克，枸杞子一小把，元肉10克，红枣6粒，牛肉300克，生姜2片，盐适量。

做法

① 淮山洗净，用清水浸泡30分钟。枸杞子略洗。红枣去核洗净。生姜洗净略拍。
② 牛肉洗净切小块，"飞水"。将所有材料同放入炖盅内，加适量清水，料酒或米酒小量，加盖，隔水大火炖2小时，下盐调味。

Tips

此汤尤其适合体弱贫血眩晕者饮用。

功效：益气补血、健脾养胃

萝卜牛肉汤 冬

材料

白萝卜1个（约500克），牛腩肉400克，红枣6粒，生姜3片，盐适量。

做法

① 白萝卜去皮，洗净切块。牛腩肉洗净切块，"飞水"。生姜洗净略拍。红枣去核洗净。
② 将牛肉和生姜放入汤煲内，加适量清水，先大火烧开，撇去浮沫，改小火煲1小时，然后下萝卜块、红枣，再煲30分钟，下盐调味。

Tips

此汤尤其适合寒冬季节食用。

功效：和脾健胃、益气生津、补血养颜

冬 归芪牛肉汤

→ 材料

牛肉 500 克，当归 25 克，党参、黄芪各 20 克，生姜 15 克，红枣 6 粒，元肉 10 克，盐适量。

→ 做法

① 将当归、黄芪、党参装入纱布袋，扎紧袋口；牛肉去筋膜，洗净，切块；生姜切片，洗净略拍。

② 砂锅内放入所有材料，加适量清水，先武火烧沸，再改文火煲 1.5 小时，去掉药袋，下盐调味即可。

功效：补气养血、调理脾胃、强壮筋骨

Tips 牛肉的纤维组织较粗，结缔组织又较多，应横切将长纤维切断，不能顺着纤维组织切，否则不仅没法入味，还嚼不烂。此汤尤其适合手脚冰凉、胃口不好者食用。

介绍	性味
即黄牛或水牛的尾部，营养价值极高,宜炖食。	性平，味甘，富含胶质、多筋骨少膏脂，风味十足，能益血气、补精髓、强体魄、滋容颜。

牛尾

→ **营养成分**

含有蛋白质、脂肪、大量维生素 B1、B2、B12、烟酸、叶酸。营养丰富。适合成长儿童及青少年、术后体虚者、老年人食用。

→ **注意事项**

久病体虚人群、气郁体质、痰湿体质、特禀体质、消化系统疾病、心脑血管系统疾病、传染性疾病、五官疾病、神经性疾病患者不宜食用牛尾。

→ **选购要点**

新鲜牛尾肉质红润，脂肪和筋质色泽雪白，富有光泽，去皮后的牛尾要求无残留毛及毛根，肉质紧密并富有弹性，并有一种特殊的牛肉鲜味。质量佳的牛尾应该有奶白色的脂肪和深红色的肉，肉和骨头的比例相同。

番茄薯仔牛尾汤

材料

番茄约 250 克，薯仔（即土豆）约 250 克，牛尾 1 条，生姜 2 片，盐适量。

做法

① 牛尾刮净杂毛，洗净斩段，"飞水"。
② 番茄去蒂，洗净切 4 瓣。薯仔去皮，洗净切厚件。生姜洗净略拍。
③ 除番茄外，将所有材料同放入汤煲内，加入适量清水，先大火烧开，改小火煲 1 小时，然后下番茄再煲 20 分钟，下盐调味。

Tips

牛肉有补中益气、健脾益胃的作用；牛髓有补中、填精补髓的作用，久服可延年益寿。

功效：填精补髓、补中益气、健脾开胃

莲藕煲牛尾汤

材料

莲藕600克，牛尾1条，陈皮1/4个，姜1片，红枣8个，盐适量。

做法

① 莲藕去皮洗净。陈皮用清水浸软，刮去瓤洗净。红枣去核洗净。

② 牛尾请卖家剥去皮，切件，放入滚水中煮10分钟，捞起洗净。

③ 水放入煲内，放入陈皮煲滚，然后放入牛尾、莲藕、红枣、姜煲滚，慢火煲2~3小时，下盐调味。

Tips

此汤适用于脾肾不足所致的食欲不佳、大便溏薄、脘腹不适、腰膝酸软、面色发白等症。

功效：补脾养胃、补肾益髓

黄精枸杞牛尾汤

材料

黄精20克，枸杞子一小把，牛尾1条，生姜2片，盐适量。

做法

① 黄精、枸杞子略洗。牛尾刮净杂毛，洗净斩段，"飞水"。生姜洗净略拍。

② 将所有材料同放入汤煲内，加足量清水，先大火烧沸，撇去浮沫，改小火煲1.5小时，下盐调味。

功效：滋阴补肾、补中益气、益精明目

介绍	性味
即偶蹄目、牛科动物的腿部。牛脮有补虚健脾、益气强身作用。	性平，味甘。归脾、胃经。

牛脮

→ 营养成分

富含蛋白质，能够维持钾钠平衡，提高免疫力，缓冲贫血，有利于生长发育。

→ 注意事项

高胆固醇、高脂肪，老年人、儿童、消化力弱的人不宜多吃。感染性疾病、肝病、肾病的人慎食；患疮疥湿疹、痘痧、瘙痒者慎用。更年期妇女、久病体虚人群不宜食用。

→ 选购要点

经精细修割干净，剔除筋油，不带肥脂者为佳。其外观呈长圆柱形状，内藏筋，硬度适中，纹路规则。

黄芪党参煲牛脮

材料

牛脮肉 350 克，猪脊骨 250 克，黄芪、党参各 20 克，枸杞子一小把，蜜枣 2 粒，雪耳 10 克，生姜 2 片，陈皮一小块，盐适量。

做法

① 牛脮洗净切小块，猪脊骨洗净切小块，将二者同"飞水"。
② 党参、黄芪洗净。蜜枣、枸杞子略洗。雪耳洗净，浸发。生姜洗净略拍。陈皮洗净。
③ 所有材料同放入汤煲内，加足量清水，先大火烧沸，改小火煲 2 小时，下盐调味。

功效：健脾益气、祛除风湿、强筋健骨

苹果百合煲牛䐴

材料

牛䐴肉 300 克，苹果 1 个，干百合 30 克，陈皮一小块，蜜枣 2 粒，生姜 2 片，盐适量。

做法

① 牛䐴肉洗净切块，"飞水"。苹果去蒂、核，洗净切大件。

② 干百合洗净，提前用清水浸泡 3 小时。陈皮略洗。生姜洗净略拍。

③ 将所有材料同放入汤煲内，加适量清水，先大火烧开，改小火煲 1.5 小时，下盐调味。

Tips

苹果中含有多种维生素、矿物质、糖类、脂肪等，是构成大脑所必需的营养成分，常食能增强记忆力。

功效：益气生津、润燥清热、养心安神、润肺止咳、补虚强体

蜜枣玉米煲牛䐴

材料

牛䐴肉 500 克，玉米 2 个，蜜枣 2 粒，生姜 3 片，盐适量。

做法

① 牛䐴肉洗净切块，"飞水"。蜜枣略洗。生姜洗净略拍。玉米剥去衣，洗净切段。

② 将所有材料同放入汤煲内，加适量清水，先大火烧沸，撇去浮沫，改小火煲 2 小时，下盐调味。

Tips

此汤可作为糖尿病的辅助食疗。

功效：补脾健胃、益气补血、润燥生津

介绍

羊肉鲜嫩，营养价值高，凡肾阳不足、腰膝酸软、腹中冷痛、虚劳不足者皆可用它作食疗品。

性味

性温，味甘，无毒。入脾、胃、肾、心经。

→ 营养成分

含丰富的蛋白质、脂肪、磷、铁、钙、维生素 B_1、B_2、烟酸和胆固醇等成分。

→ 注意事项

夏天或发热病人慎食之；水肿、骨蒸、疟疾、外感、牙痛及一切热性病症者禁食。红酒和羊肉是禁忌，一起食用后会产生化学反应。吃完羊肉后需要隔一会再喝茶，否则会引起便秘。患有肝炎病症的人，不可过多食用羊肉，以免加重肝脏负担，导致发病。羊肉温热而助阳，一次不要吃得太多，最好同时吃些白菜、粉丝等。

→ 选购要点

新鲜羊肉有光泽，肉细而紧密，有弹性，外表略干，不粘手，气味新鲜，无其他异味。不新鲜羊肉，外表粘手，肉质松弛无弹性，略有氨味或酸味。变质羊肉，外表无光泽且粘手，有黏液，脂肪呈黄绿色，有异味，甚至有臭味。老羊肉，肉质略粗，不易煮熟，新鲜老羊肉气味正常。小羊肉，肉质坚而细，富有弹性。

附片羊肉汤

→ 材料

附片 3 克，羊肉 200 克，生姜、葱各 50 克，胡椒 6 克，盐适量。

→ 做法

① 附片洗净，装入纱布袋内，扎紧袋口。

② 羊肉洗净，入沸水锅内，下少许生姜和葱，煮至羊肉呈淡红色，捞出，剔去骨，切成块，再用清水漂洗一下。

③ 砂锅内放入羊肉、药袋、胡椒粉和剩下的生姜、葱，加入适量清水，先武火煮沸，改文火煲 2 小时至羊肉熟烂，下盐调味即可。

功效：温补脾肾、补血温经、散寒止痛

Tips 此汤适合有阳痿、早泄、遗精或滑精者食用。如果购买冷冻羊肉，可将其放在室内慢慢解冻，并不时翻动，以缩短解冻时间，但千万不能用热水浸泡，更不要用火烤。

→ 材料

　　羊肉 250 克，鱼鳔 50 克，黄芪 30 克，生姜、食盐、葱、料酒各适量。

→ 做法

① 羊肉洗净切块，鱼鳔洗净血水，二者一同"飞水"。

② 砂锅内放入所有材料，加适量清水及料酒，先武火烧开，改文火炖 2 小时，待羊肉熟后放葱，下盐调味。

功效：暖中补虚、补脾益气、增强免疫力、强身健体

黄芪鱼鳔羊肉汤

冬

平时体质虚弱，容易疲劳，常感乏力，往往是"气虚"的一种表现；贫血，则常属"气血不足"；而脱肛、子宫下垂这些症状也常被认为是"中气下陷"。黄芪的功效为益气固表，若有上述症状的人，冬季吃些黄芪大有益处。

Tips

山楂胡萝卜羊肉汤

材料

　　干山楂20克，胡萝卜1个，羊肉500克，生姜3片，盐适量。

做法

　　① 胡萝卜去皮，洗净切块。干山楂略洗。羊肉洗净斩块，"飞水"。生姜洗净略拍。

　　② 将所有材料同放入汤煲内，加适量清水及料酒，先大火烧开，撇去浮沫，改小火煲1.5小时，下盐调味。

功效：健脾和胃、补肝明目、清热解毒

冬瓜羊肉汤

材料

　　冬瓜600克，羊腿肉500克，贻贝20克(淡菜)，生姜3片，盐适量。

做法

　　① 冬瓜去瓤、籽，洗净连皮切块。羊腿肉洗净斩块，"飞水"。生姜洗净略拍。

　　② 将羊肉、姜片、贻贝倒入汤煲内，加适量清水，先大火烧开，撇去浮沫，改小火煲1小时，然后下冬瓜再煲30分钟，下盐调味。

Tips

此汤对于怀孕6～7个月左右出现水肿及小便短赤反应的孕妇有不错的食疗功效。

功效：补虚祛寒、温补气血、益肾补衰、清热化痰、利尿消肿

马蹄羊肉汤

材料

　　去皮马蹄8个，淮山20克，枸杞子一小把，羊肉500克，生姜2片，盐适量。

做法

　　① 羊肉洗净，斩块，"飞水"。马蹄洗净，每个对半切。淮山洗净，用清水浸泡30分钟。枸杞子略洗。

　　② 将所有材料同放入汤煲内，加适量清水，先大火烧沸，改小火煲2小时，下盐调味。

Tips

此汤是身体虚弱者冬季调补身体的靓汤。

功效：补益气血、温中散寒

黄芪党参羊肉汤

材料

　　黄芪、党参各15克，去皮马蹄5个，羊肉500克，生姜3片，盐适量。

做法

　　① 黄芪、党参分别洗净。马蹄洗净，每个对半切。生姜洗净略拍。羊肉洗净斩块，"飞水"。

　　② 将所有材料同放入汤煲内，加适量清水，先大火烧沸，改小火煲2小时，下盐调味。

Tips

此汤适用于气血虚弱、形寒肢冷者饮用。

功效：益气补血、温中暖胃

介绍

即兔科动物家兔、东北兔、高原兔、华南兔等的肉。又叫菜兔肉、野兔肉。在国外，兔肉被称为"美容肉"，尤其受到年轻女子的青睐，常作为美容食品食用。兔肉含有丰富的卵磷脂，是儿童、少年、青年大脑和其他器官发育不可缺少的物质，有健脑益智的功效。

性味

性凉，味甘、酸，无毒，入肝、脾、大肠经。具有补中益气、凉血解毒、清热止渴等作用。

兔肉

→ 营养成分

含有丰富的蛋白质、脂肪、糖类、无机盐、维生素 A、维生素 B_1 和维生素 B_2 等成分。具有补中益气、滋阴养颜、生津止渴的作用，可长期食用，又不引起发胖，是肥胖者的理想食品。

→ 注意事项

兔肉性凉，吃兔肉的最好季节是夏季，冬天及初春季不宜吃兔肉。兔肉和其他食物一起烹调会附和其他食物的滋味，所以有"百味肉"之说。有四肢怕冷等明显阳虚症状的女子不宜吃兔肉。兔肉不能与鸭血同食，否则易致腹泻。孕妇忌食。兔肉不可与鸭肉、鸡蛋同食。忌芹菜，同食脱头发。忌洋姜，兔肉酸冷性寒，姜辛辣性热，寒热同食，容易腹泻。橘子不宜与兔肉同食，引起肠胃功能紊乱，导致腹泻。

→ 选购要点

新鲜的兔肉肌肉有光泽，红色均匀，脂肪为淡黄色；肌肉外表微干或微湿润，不粘手；肌肉有弹性，用手指压肌肉后的凹陷立即恢复。

夏 苦瓜兔肉汤

→ 材料

苦瓜 150 克，兔肉 250 克，油、淀粉、盐各适量。

→ 做法

① 将苦瓜洗净后切成两半，去瓤，切成片状。兔肉洗净，切成片状，拌以油、淀粉。

② 砂锅内放入所有材料，加适量清水，先武火烧沸，改小火煮 20 分钟，下盐调味。

功效：清暑泄热、益气生津、除烦减躁

Tips 兔肉有"美容肉"之称，营养丰富，所含的脂肪和胆固醇较低，常吃既可强身健体，又不用担心发胖。

紫菜兔肉汤 夏

材料

> 兔肉 300 克，紫菜 30 克，豆腐 50 克，生姜 1 片，油、盐、料酒、淀粉各适量。

做法

> ① 兔肉洗净后切小块，用油、盐、料酒、淀粉抓匀，腌制 15 分钟。紫菜略洗后撕成小块。豆腐洗净后切块。生姜略拍。
> ② 锅内放入所有材料，加足量清水，先大火烧开，改小火煲 30 分钟，下盐调味即可。

Tips

适用于高血压、动脉粥样硬化属脾虚者。

功效：补中益气、润燥生津、化痰利水、补肾利尿

无花果炖兔肉 夏

材料

> 太子参 30 克，无花果 5 个，兔肉 350 克，生姜 2 片，料酒、盐适量。

做法

> ① 太子参略洗。无花果用清水稍浸，洗净后对半切。生姜洗净略拍。兔肉洗净斩块，"飞水"。
> ② 将所有材料同放入炖盅内，加适量清水，加盖，隔水大火炖 2 小时，下盐调味。

Tips

此汤适用于脾胃虚弱，热毒郁结者食用。

功效：健胃清肠、消肿解毒、益气养阴、清热解毒

冬瓜薏米兔肉汤 夏

材料

> 冬瓜 500 克，薏米 50 克，兔肉 400 克，贻贝 20 克，生姜 2 片，蜜枣 2 粒，盐适量。

做法

> ① 冬瓜去瓤、籽，洗净连皮切块。薏米洗净，用清水浸泡 3 小时。兔肉洗净斩块，"飞水"。蜜枣略洗。生姜洗净略拍。
> ② 除冬瓜外，将所有材料同放入汤煲内，加适量清水，先大火烧开，改小火煲 1 小时，然后下冬瓜块再煲 20 分钟，下盐调味。

Tips

此汤适宜患高脂血症、动脉硬化的中老年人食用。

功效：清热消暑、利水消肿、健脾减肥

莲子麦冬兔肉汤 夏

材料

> 兔肉 500 克，开边莲子 50 克，百合 20 克，麦冬 10 克，无花果 5 个，生姜 2 片，盐适量。

做法

> ① 百合、麦冬分别洗净，用清水浸泡 3 小时。莲子使用时洗净。无花果洗净。生姜洗净略拍。兔肉洗净斩块，"飞水"。
> ② 将所有材料同放入汤煲内，加适量清水，先大火烧沸，改小火煲 2 小时，下盐调味。

Tips

麦冬能养阴润肺，清心安神，与莲子、百合同用，其清润养心之力更显著。

功效：清补滋润、养心安神

淮杞炖兔肉汤

材料

淮山 20 克，杞子 20 克，兔肉 300 克，龙眼肉 5 粒，姜 2 片，盐适量。

做法

① 将淮山、杞子、龙眼肉洗净，备用；兔肉洗净，"飞水"，取出切成小块。

② 将全部材料放入炖盅，加入适量滚水，盖上盅盖，用猛火炖约 3 小时，加盐适量，调味即成。

功效：健强脾胃、滋养肝肾、安神补血、补中益气

沙参玉竹兔肉汤

材料

北沙参、玉竹、百合各 30 克，去皮马蹄 6 个，兔肉 500 克，生姜 2 片，红枣 5 粒，枸杞子一小撮，盐适量。

做法

① 沙参、玉竹、百合分别洗净，用清水浸泡 30 分钟。生姜洗净略拍。红枣去核洗净。枸杞子冲一下。马蹄洗净对半切。兔肉洗净斩块，"飞水"。

② 将所有材料同放入汤煲内，加适量清水，先大火烧沸，改小火煲 1.5 小时，下盐调味。

Tips

兔肉中所含的脂肪和胆固醇较低，还富含大脑和其他器官发育不可缺少的卵磷脂，常食不仅可以强身健体，还有健脑益智的功效。

功效：滋阴清肺、补脾益气、健脑益智、止渴清热

鹿肉

介绍

一般为梅花鹿或马鹿的肉。梅花鹿又称"药鹿"，马鹿又称"八叉鹿"、"黄臀赤鹿"。鹿肉是高级野味，肉质细嫩、味道美、瘦肉多、结缔组织少，可烹制多种菜肴。鹿肉具有补脾中、益气力、强五脏、补虚劳羸瘦、壮阳益精、养血益容的功效。

性味

味甘，性温，入脾、胃、肾经。能益气血，补虚羸，补肾益精。

→ **营养成分**

鹿肉具有高蛋白、低脂肪、含胆固醇很低等特点，含有多种活性物质，对人体的血液循环系统、神经系统有良好的调节作用。

→ **注意事项**

鹿肉不宜与雉鸡、鱼虾、蒲白同食，癌症患者不宜与鱼虾同食，阴虚阳亢或有热者不宜食，炎热季节不宜食，有外伤或有感染发热以及阳盛上火之人不宜食用。鹿肉也同牛羊肉一样属于红肉之列，多食、久食对预防胃肠疾病不利。

→ **选购要点**

因鹿肉少有，所以购买较困难。腐败、变质、有异味的肉不宜选购。

银耳太子参炖鹿肉汤　　冬

材料

银耳 50 克，太子参 15 克，鹿肉 300 克，生姜 3 片，料酒、盐适量。

做法

① 银耳、太子参分别用温水涨发好。鹿肉切蚕豆丁大小"飞水"。

② 将净锅上火，放入清汤、太子参、银耳、鹿肉、姜片，大火烧开转小火炖 50 分钟，下盐、料酒调味即成。

 Tips

鹿肉营养丰富，长期食用可提高机体免疫力，对面黄体虚有一定的改善作用。银耳可养阴生精，润肺健脾，对阴液亏虚有一定的食疗作用。

功效：补肾壮阳、补脾益气

狗肉

介绍

又名"香肉"或"地羊",有"至尊肾宝"的美誉。在粤语地区也叫"三六香肉"(三加六等于九,"九"和"狗"在粤语中同音)。

性味

性温,味咸、酸,有温肾壮阳、助力气、补血脉的功效,可以增强机体的抗病能力。补肾壮阳,强筋壮骨。最好秋冬季进补。

→ 营养成分

狗肉含有丰富的蛋白质和脂肪,还含有维生素 A、维生素 B_2、维生素 E、氨基酸和铁、锌、钙等矿物元素。

→ 注意事项

凡患感冒、发热、腹泻等非虚寒性疾病的人均不宜食用,脑血管病、心脏病、高血压病、中风后遗症患者不宜食用,大病初愈的人也不宜食用。狗肉属热性食物,不宜夏季食用,而且一次不宜多吃。凡患咳嗽、感冒、发热、腹泻和阴虚火旺等非虚寒性疾病的人均不宜食用。狗肉不宜与杏仁、大蒜同食。此外,狗肉还不宜与菱角、绿豆等豆制品同食,否则易引发腹胀等不良反应。

→ 选购要点

应选用正规养殖生产的产品,不食野生狗肉,因为野生狗身上有多种病菌,不能保证食用安全,危害人体健康。

淮杞狗肉汤

材料

狗肉500克，淮山50克，枸杞子一小把，生姜4片，陈皮½件，料酒、盐适量。

做法

① 狗肉洗净斩块，"飞水"。生姜洗净略拍。镬内下油烧热，下姜片煎香，倒入狗肉块炒出香味盛起。淮山洗净，用清水浸泡30分钟。枸杞子略洗。

② 将所有材料同放入汤煲内，加适量清水，先大火烧开，撇去浮沫，改小火煲1.5小时，下盐、料酒调味。

Tips

常食狗肉有温肾壮阳、轻身益气之功效。在寒冬腊月吃狗肉对腰痛、脚冷、体质虚弱者有良好的保暖御寒作用。

功效：滋补肝肾、益精养血

黑豆炖狗肉汤

材料

狗肉500克，黑豆60克，生姜3片，陈皮½件，料酒、盐适量。

做法

① 狗肉洗净斩块，"飞水"。黑豆洗净，提前用清水浸泡3小时。生姜洗净略拍。

② 将所有材料同放入炖盅内，加适量清水，加盖，隔水大火炖2小时，下盐、料酒调味。

Tips

常喝此汤可治老人耳聋、腰痛、尿溺不尽、四肢厥冷、精神不振等肾虚之症。冬天常吃，可使老年人增强抗寒能力。

功效：活血利水、祛风解毒、滋养健血、补虚乌发

壮阳狗肉汤

材料

狗肉500克，熟附片、菟丝子各50克，生姜3片，陈皮½件，料酒、盐适量。

做法

① 狗肉洗净斩块，"飞水"，沥干水。生姜洗净略拍。镬内下油烧热，下姜片煎香，倒入狗肉块炒至出香味盛起。将熟附片和菟丝子装入煲汤袋内，稍扎一下袋口。

② 将所有材料同放入炖盅内，加适量清水，加盖，隔水大火炖2小时，下盐、料酒调味。

Tips

此汤适用于阳气虚衰、精神不振、腰膝酸软、阳痿早泄、肾虚遗精遗尿、性欲减退等症。

功效：温肾助阳、补益精髓

清炖狗肉汤

材料

狗肉1000克，鸡蛋2个，腌韭菜花20克，葱3段，香菜100克，生抽、味精、辣椒粉、胡椒粉、芥末、盐适量。

做法

① 将狗肉切成6块，用凉水浸泡出血水，洗净，"飞水"。开锅时撇净浮沫，撇出的油放入锅内。香菜洗净，切段。

② 将撇出的浮油放入勺内，油热时放入辣椒粉，炸好后倒入碗内，即成调料酱。肉煮到十分熟时捞出（原汤汁仍在锅内），拆出骨头放入锅内，熟肉撕成丝，放入碗内，放葱丝、生抽、胡椒粉搅拌，入味后放热处保温。

③ 放入少许香菜，浇适量调味酱，盛入滚开的原汤，再浇入适量蛋汁即可。

功效：温肾助阳、补益精髓

禽类

鸡

介绍

即雉科动物家鸡的肉。家鸡又称鸡。鸡肉对营养不良、畏寒怕冷、乏力疲劳、月经不调、贫血、虚弱等有很好的食疗作用。

性味

味甘，性微温。能温中补脾，益气养血，补肾益精。

→ 营养成分

含有蛋白质、脂肪、硫胺素、核黄素、尼克酸、维生素A、维生素C、胆甾醇、钙、磷、铁等多种成分。体质虚弱、病后或产后用鸡肉或鸡汤作补品食用更为适宜，尤以乌骨鸡为佳。可用于虚劳瘦弱、骨蒸潮热、脾虚泄泻、消渴、崩漏、赤白带、遗精等。

→ 注意事项

鸡翅、鸡脚均能动风、生痰、助火，故肝阳上亢者忌食。凡实证、热证或邪毒未清者不宜食用。

→ 选购要点

首先要注意观察鸡肉的外观、颜色以及质感。一般来说，新鲜鸡肉块大小不会相差特别大，颜色白里透红，有亮度，手感较光滑。

桑枝红枣鸡汤 春

材料

光鸡半只（约500克），桑枝25克，红枣6粒，生姜2片，生抽、盐适量。

做法

① 光鸡去除肥脂，洗净斩块，"飞水"。红枣去核洗净。生姜洗净略拍。桑枝洗净。

② 将所有材料同放入汤煲内，加足量清水，先大火烧沸，撇去浮沫，改小火煲1.5小时，下盐、生抽调味。

Tips

桑枝能清热、祛湿、通络。主要作用为祛风通络。主治风湿痹症，而尤宜于上肢痹痛。此汤能祛湿通络，尤其适用于春季因湿气引发关节疼痛者饮用。

功效：温中益气、补虚填精、健胃补血、滋养强壮

五指毛桃牛大力煲鸡汤 春

材料

五指毛桃、牛大力、千斤拔各30克，光鸡半只（约400克），红枣5粒，生姜2片，生抽、盐适量。

做法

① 光鸡去除肥脂，洗净后斩块，"飞水"。五指毛桃、牛大力、千斤拔分别洗净。红枣去核洗净。生姜洗净略拍。

② 将所有材料同放入汤煲内，加适量清水，先大火烧沸，改小火煲1.5小时，下盐、生抽调味。

功效：补脾益气、舒筋活络、强筋健骨、祛除风湿

丝瓜煲鸡汤 夏

材料

丝瓜1条（约400克），光鸡半只（约500克），生姜2片，红枣5粒，冬菇4朵，枸杞子一小撮，生抽、盐适量。

做法

① 光鸡去肥脂，去尾部，洗净斩块，"飞水"。丝瓜刨皮，洗净后切滚刀块。红枣去核洗净。枸杞子冲一下。冬菇泡开去蒂，对半切。生姜洗净略拍。

② 除丝瓜块，其余材料同放入汤煲内，加适量清水，先大火烧开，撇去浮沫，改小火煲1小时，下丝瓜块煲10分钟，下盐、生抽调味即可。

Tips

丝瓜有清凉、利尿、活血、通经、解毒之效，还能保护皮肤、消除斑块，使皮肤洁白、细嫩。女士多吃丝瓜还对月经不顺有调理功效。鸡肉有温中益气、补虚填精、健脾胃、活血脉、强筋骨的功效，对营养不良、畏寒怕冷、乏力疲劳、月经不调、贫血、虚弱等有很好的食疗作用。

功效：利水消肿、滋阴养颜、清热解毒

椰子煲鸡汤 秋

材料

椰子 1 个，光鸡半只（约 400 克），生姜 2 片，红枣 3 粒，生抽、盐适量。

做法

① 椰子让卖家倒出椰子汁，将椰子肉撬出。回家后将椰子肉削去黑皮，切成小块。光鸡去除肥脂，洗净斩块，"飞水"。生姜洗净略拍。

② 除椰子汁外，将所有材料同放入汤煲内，加适量清水，先大火烧沸，改小火煲 1 小时，然后倒入椰子汁再煲 20 分钟，下盐、生抽调味。

功效：清润补气、护肤养颜

栗子杏仁煲鸡汤 秋

材料

鸡 1 只，栗子肉 150 克，南杏仁 50 克，核桃肉 100 克，红枣 10 粒，盐适量。

做法

① 把栗子肉、核桃肉、南杏仁分别"飞水"，去外衣。

② 鸡去脚、内脏、鸡皮、鸡膏，洗净，"飞水"。

③ 瓦煲中放入清水 3000 克烧沸，放入鸡、红枣、南杏仁、姜片用猛火煲滚，转慢火煲 2 小时，放入核桃肉及栗子肉猛火煲滚，再转慢火煲 1 小时，加盐调味即可。

功效：除痰止咳、健脾理气

银耳椰子煲鸡汤 秋

材料

干银耳 20 克，田七（切片）5 克，新鲜椰子肉 150 克，仔鸡半只（约 500 克），红枣 5 粒，枸杞子一小撮，生姜 2 片，生抽、盐适量。

做法

① 银耳用清水浸发，去硬蒂，洗净撕成小朵。椰子肉切去黑皮，洗净切小块。红枣去核洗净。枸杞子略洗。生姜洗净略拍。仔鸡洗净斩块，"飞水"。

② 将所有材料同放入汤煲内，加适量清水，先大火烧沸，改小火煲 2 小时，下盐、生抽调味。

Tips

银耳善治胃阴亏之干咳、咽喉不利、大便秘结。田七能活血化瘀，使瘀消去而皮肤色斑消除。

功效：补脾益胃、养阴生津、滋补气血、祛斑美容、延缓衰老

清补凉煲鸡汤 秋

材料

土鸡半只（约 500 克），玉竹、北沙参、淮山、芡实各 25 克，蜜枣 2 粒，枸杞子一小把，生姜 3 片，生抽、盐适量。

做法

① 土鸡去除肥脂、尾部，洗净斩块，"飞水"。玉竹、沙参、芡实、淮山洗净，沙参、玉竹用清水浸泡 30 分钟，芡实、淮山浸泡 3 小时。蜜枣略洗。枸杞子略洗。生姜洗净略拍。

② 将所有材料同放入汤煲内，加适量清水，先大火烧开，撇去浮沫，改小火煲 1.5 小时，下盐、生抽调味。

功效：润肺生津

茶树菇煲老鸡汤 秋

材料

干茶树菇 50 克, 光老鸡半只 (约 500 克), 红枣 6 粒, 枸杞子 30 克, 莲子 50 克, 生姜 2 片, 生抽、盐适量。

做法

① 将干茶树菇用温水浸泡 10 分钟, 然后充分洗净。光老鸡切除肥脂, 洗净斩块, "飞水"。红枣去核洗净。枸杞子略洗。莲子洗净, 用清水浸泡 30 分钟。生姜洗净略拍。
② 将所有材料同放入汤煲内, 加适量清水, 先大火烧开, 改小火煲 1.5 小时, 下盐、生抽调味。

Tips

鸡汤特别是老母鸡汤有很好的补虚功效, 能缓解感冒症状以及改善人体的免疫机能。秋冬季多喝些鸡汤有助于提高人体免疫力, 预防流感。

功效: 延缓衰老、美容养颜、滋补肝肾、益精明目

高丽参炖鸡汤 冬

材料

嫩母鸡半只, 生姜 2 片, 高丽参 50 克, 盐适量。

做法

① 鸡宰好洗净, 去皮、去内脏及肥油; 再加入姜片与开水同滚。高丽参切片。
② 将所有材料同放入汤锅内, 加入适量清水, 慢火煲 3 小时, 加盐调味即可。

功效: 大补元气、提神止烦

参茸炖鸡汤 冬

材料

鸡肉 100 克, 人参 10 克, 鹿茸 3 克, 盐适量。

做法

① 取鸡胸肉或鸡腿肉洗净, 去皮, 切粒。
② 将人参切片, 与鹿茸片、鸡肉粒一起放入炖盅内, 加开水适量, 炖盅加盖, 文火隔开水炖 3 小时, 加盐调味即可。

功效: 大补元气、温肾壮阳

木瓜瑶柱老鸡汤

材料

青木瓜1个（约500克），瑶柱一小把，光老鸡半只（约500克），瘦肉100克，红枣5粒，生姜2片，生抽、盐适量。

做法

① 木瓜去皮、瓤、籽，洗净切粗块。瑶柱洗净。生姜洗净略拍。红枣去核洗净。

② 瘦肉洗净切小块。老鸡去除肥脂、尾部，洗净斩块。将瘦肉和鸡块分别"飞水"。

③ 除木瓜外，将所有材料同放入汤煲内，加适量清水，先大火烧开，撇去浮沫，改小火煲1小时，然后下木瓜块再煲30分钟，最后下盐、生抽调味。

功效：健脾养胃、益气生津、补血养颜

党参黄芪炖鸡汤

材料

党参、黄芪各20克，光鸡半只（约400克），红枣6粒，生姜2片，生抽、盐适量。

做法

① 党参、黄芪分别洗净。光鸡去除肥脂，洗净斩块，"飞水"。红枣去核洗净。生姜洗净略拍。

② 将所有材料同放入炖盅内，加适量清水，加盖，隔水大火炖2小时，下盐、生抽调味。

Tips

此汤尤其适合体质虚弱、面色苍白者的冬季进补食疗。

功效：补中益气、健脾补血

虫草花老鸡汤

材料

光老鸡半只（约500克），虫草花50克，红枣5粒，枸杞子一小撮，生姜2片，生抽、盐适量。

做法

① 光老鸡去除尾部，切除肥脂，洗净血水后斩块，"飞水"。

② 虫草花略洗。红枣洗净去核。枸杞子略洗。生姜洗净略拍。

③ 将所有材料放入汤煲内，加适量清水，先大火烧开，改小火煲1小时，下盐、生抽调味。

Tips

虫草花和冬虫夏草的功效相近，均有滋补肝肾、抗氧化、延缓衰老、抗菌消炎、镇静、降血压、提高机体免疫力等功效，可作为体质虚弱者的常用保健食疗。

功效：益气补血、滋补养身、滋补肝肾、益精明目

香菇海参煲鸡汤 冬

材料

干香菇 4 朵，水发海参 200 克，光鸡半只（约 400 克），生姜 2 片，生抽、盐适量。

做法

① 香菇泡开去蒂洗净，每朵切半。水发海参洗净沥干水，切小块。光鸡去除肥脂，洗净斩块，"飞水"。生姜洗净略拍。

② 将所有材料同放入汤煲内，加适量清水，先大火烧沸，改小火煲 1 小时，下盐、生抽调味。

Tips

此汤尤其适合身体虚弱、精神疲倦、食欲不振、面色苍白贫血者饮用。

功效：滋阴养血、补中和胃

海马苁蓉炖鸡汤 四季

材料

海马 2 只，肉苁蓉 30 克，菟丝子 15 克，光仔公鸡 1 只，生姜 2 片，生抽、盐适量。

做法

① 将肉苁蓉和菟丝子用砂锅水煎取浓汁一小碗。光仔公鸡去除肠杂，切去尾部，洗净斩块。生姜洗净略拍。

② 将鸡块和海马一同放入炖盅内，加适量清水直至盖过鸡块，放生姜片，加盖。隔水炖 1 小时，倒入药汁，再炖 10 分钟，下盐、生抽调味。

Tips

此汤适用于肾虚、阳痿、精少、肝肾虚亏、不孕者。

功效：强身健体、舒筋活络、消炎止痛、补肾滋阴

茶树菇笋干炖鸡汤 冬

材料

干茶树菇 50 克，光土鸡半只（约 600 克），笋干 3 块，生姜 3 片，生抽、盐适量。

做法

① 干茶树菇、笋干分别用清水浸发，洗净沥干水。土鸡去除肥脂、尾部，洗净斩块，"飞水"。

② 将所有材料同放入汤煲内，加适量清水，先大火烧开，撇去浮沫，改小火煲 1.5 小时，下盐、生抽调味。

功效：健脾养胃、补虚健体、抗衰养颜

海马煲鸡汤 四季

材料

光童子鸡 1 只，海马 10 克，干虾仁 50 克，生姜 3 片，生抽、盐适量。

做法

① 将光童子鸡去除肠杂，切去尾部，洗净斩块，"飞水"。海马略洗。干虾仁用温水浸发，洗净。生姜洗净略拍。

② 将所有材料同放入炖盅内，加适量清水，加盖，隔水大火炖 2 小时，下盐、生抽调味。

Tips

此汤是阳痿、早泄、体质虚弱者调补佳品。

功效：补肾壮阳、益气补精、调气活血

四季

杞子田七煲鸡汤

→ 材料

瘦光鸡1只（约1000克），猪骨250克，枸杞子20克，田七（切片）12克，姜1片，生抽、盐适量。

→ 做法

① 鸡切去脚，洗净，斩块；猪骨斩块，洗净，与鸡块一同"飞水"；枸杞子、田七略洗。

② 砂锅内放入所有材料，加适量清水，先武火煲滚，改文火煲2小时，下盐、生抽调味。

功效：滋补养身、益精明目

Tips 常吃枸杞子可以美容养颜，因为枸杞子可以提高皮肤吸收氧分的能力，另外还能起到美白作用。

鸡丝海参汤

材料

鸡肉150克,海参100克,火腿肉25克,鸡汤500克,豆苗、生抽、味精、盐、酒各适量。

做法

① 先将海参浸水发好,然后洗净切丝,备用。鸡肉洗净切丝,用生抽、酒拌匀,备用。火腿肉切丝备用。豆苗洗净,滴干水分。

② 在锅内注入鸡汤,放入鸡肉,煮5分钟,再下海参丝、火腿丝,煮沸后加豆苗、生抽,再滚,加味精、盐调味即可。

功效:温中益气、补肾益精、滋阴降压、养血润燥

灵芝煲鸡汤

禽类

材料

切片灵芝5克,干香菇3朵,红枣6粒,枸杞子一小撮,土鸡半只(约500克),生姜3片,生抽、盐适量。

做法

① 香菇泡开去蒂,洗净对半切。红枣去核洗净。灵芝片略洗。生姜洗净略拍。土鸡去除肥脂、尾部,洗净斩块,"飞水"。

② 将所有材料同放入汤煲内,加适量清水,先大火烧开,撇去浮沫,改小火煲1.5小时,下盐、生抽调味。

Tips

灵芝对增强人体免疫力、调节血糖、控制血压、辅助肿瘤放化疗、保肝护肝、促进睡眠等方面均具有显著疗效。经常吃土鸡能够增强人体的体质,提高人体的免疫能力。

功效:强身健体、增强机体免疫

柚子炖雄鸡

材料

柚子1个,雄鸡1只,生抽、盐适量。

做法

① 将柚子去皮留肉,鸡去内脏洗净,将柚子切块放入鸡腹中。

② 隔水炖熟,下盐、生抽调味,喝汤吃鸡。

Tips

鸡肉对营养不良、畏寒怕冷、乏力疲劳、月经不调、贫血、虚弱等有很好的食疗作用。

功效:补益气血、健脾养胃

猴头菇炖鸡汤

材料

猴头菇3朵,光鸡半只(约500克),红枣5粒,枸杞子一小撮,生姜3片,生抽、盐适量。

做法

① 猴头菇去蒂,用清水浸发,反复洗净黄水,切成片。光鸡去除肥脂、尾部,洗净斩小块,"飞水"。红枣去核洗净。枸杞子略洗。生姜洗净略拍。

② 将所有材料同放入炖盅内,加适量清水,加盖,隔水大火炖2小时,下盐、生抽调味。

功效:补肾益精、健脾养胃、补虚抗癌

四季 **糯米酒红枣鸡汤**

→ 材料

净母鸡肉 250 克，糯米酒 200 克，红枣 6 粒，生姜 2 片，生抽、盐适量。

→ 做法

① 鸡肉洗净、切块后"飞水"；红枣洗净，去核；生姜略拍。

② 将鸡肉、红枣和生姜一同放入炖盅内，加入糯米酒和适量清水，盖上盖，隔水炖 3 小时，下盐、生抽调味即可。

功效：补气养血、活血通经

此汤尤其适合气色不好、有痛经的女性食用。鸡汤应在炖好后温度降至 80 ~ 90°C 时或食用前加盐。如果在炖煮的过程中加盐，会使鸡汤的营养和鲜味质量降低。

鹿胶红枣炖鸡汤

材料

鸡肉 250 克，鹿角胶 50 克，大枣 6 个，生姜 1 片，料酒、生抽、盐适量。

做法

① 鸡肉撕去外皮，去肥脂，洗净后斩小块。鹿角胶略洗。大枣去核后洗净。生姜洗净略拍。

② 炖盅内放入所有材料，加足量清水，加盖，大火隔水炖 1 小时，下盐、生抽、料酒调味。

Tips

本汤主治久病伤肾、肾阳不足、精血虚少、下腹冷痛、腰膝酸软、头晕乏力。

功效：补肾壮阳、补虚健脾、益精补血

淮山桂圆煲鸡汤

材料

光鸡半只（约 500 克），淮山 30 克，桂圆 20 克，红枣 10 个，枸杞子一小撮，生姜 2 片，生抽、盐适量。

做法

① 光鸡洗净斩块，"飞水"。淮山洗净，用清水浸泡 30 分钟。红枣去核洗净。枸杞子略洗。桂圆洗净。生姜洗净略拍。

② 将所有材料同放入汤煲内，加足量清水，先大火烧沸，撇去浮沫，改小火煲 1.5 小时，下盐、生抽调味。

Tips

此汤适合于气血虚弱、体质素虚、失血后者以及女性服食。

功效：养血健脾、益胃和中

红枣杏仁栗子鸡汤

材料

光鸡半只，栗子肉 200 克，红枣 5 粒，南杏仁 30 克，生姜 2 片，生抽、盐适量。

做法

① 光鸡去内脏、尾部和肥脂，斩成块，洗净血水，"飞水"。

② 栗子肉、红枣、南杏仁分别洗净，红枣去核。生姜洗净略拍。

③ 将鸡块、红枣、南杏仁和生姜放入瓦煲内，加足量清水，先大火烧沸，改小火煲 1 小时，然后下栗子肉再煲 40 分钟，下盐、生抽调味。

Tips

小儿咳嗽体虚，常喝此汤有不错的食疗功效。

功效：补肾强筋、补肺止咳

燕窝鸡丝汤

材料

燕窝 100 克，鸡肉丝 100 克，盐适量。

做法

① 燕窝洗干净，开水浸开，用盐、油起锅，加水 1 汤碗。

② 待水煮沸下燕窝、鸡肉丝，慢火煎 15 分钟，待热，即成。

功效：平补、养颜、补肺

鸡蛋

介绍

鸡蛋主要分为三部分：蛋壳、蛋白及蛋黄。母鸡所产的卵，其外有一层硬壳，内则有气室、卵白及卵黄部分。富含胆固醇，营养丰富，是日常食用的食品之一。

性味

性味甘、平，归脾、胃经，可补肺养血，滋阴润燥，用于气血不足、热病烦渴、胎动不安等，是扶助正气的常用食品。鸡蛋清有清肺利咽功能，外敷患处可治烫伤、烧伤、流行性腮腺炎等。

→ 营养成分

鸡蛋含有大量的维生素和矿物质及有高生物价值的蛋白质。其蛋白质的氨基酸组成与人体组织蛋白质最为接近。

→ 注意事项

鸡蛋不宜生吃，难吸收且不卫生。不宜多食茶叶蛋。不能在煮荷包蛋时加糖，即便一定要加糖也应等到鸡蛋煮熟时再加。

→ 选购要点

一是看：鲜蛋的蛋壳较毛糙，并附有一层霜状的粉末，色泽鲜亮洁净；陈蛋的蛋壳比较光滑；臭蛋的外壳发乌，壳上有油渍。
二是听：用手指夹稳鸡蛋在耳边轻轻摇晃，好蛋音实；贴壳蛋和臭蛋有瓦碴声；空头蛋有空洞声；裂纹蛋有"啪啪"声。

茼蒿猪肝鸡蛋汤　　春

材料

猪肝150克，茼蒿300克，鸡蛋2个，生姜2片，植物油、盐、香油各适量。

做法

① 茼蒿洗净，沥干水。猪肝冲净血水，洗净后切薄片。鸡蛋磕入碗内，搅匀。生姜略拍。
② 锅内放入姜片，加适量清水，大火烧开，依次放入植物油、猪肝、茼蒿略滚，然后倒入鸡蛋液，搅匀，快成时下盐调味，淋上香油即可。

Tips

猪肝切片后应尽快使用调料拌匀，并尽早下锅，不然放久了会损失营养。

功效：补益肝肾、补脑益智、强健身体

百合生地鸡蛋汤　　秋

材料

百合30克，生地黄60克，鲜鸡蛋3个，蜂蜜适量。

做法

① 百合洗净，用清水浸泡3小时。生地黄洗净。将百合、生地黄放入砂锅内，加适量清水。
② 先大火烧沸，改小火煲1小时，然后打入鸡蛋搅匀，加入蜂蜜，拌匀即可。

Tips

此汤适用于妇女更年期之躁动不安。

功效：清心养肺、滋阴安神

→ 材料

　　龙眼肉 15 克，莲子 50 克，鸡蛋 2 个，生姜 2 片，南枣 4 个，盐适量。

→ 做法

① 将鸡蛋破壳入碗，打散后加入适量清水，隔水蒸熟。

② 将龙眼肉、莲子、生姜分别洗净。莲子浸泡 1 小时。

③ 砂锅内放入所有材料，加适量清水，先武火煲滚，改文火煲约 1 小时，下盐调味。

功效：宁心安神、养血润肤

夏

龙莲鸡蛋汤

桂圆有很好的温补作用，若小孩常感冒、体质虚冷、常尿床、记忆力不佳，适当吃些桂圆可增强体质，改善症状。另外，此汤也非常适合因压力大而致失眠或肤色欠佳者食用。

Tips

鸡脚

介绍

又名鸡掌、凤爪、凤足。鸡脚在日常菜谱上叫"凤爪"。在南方，凤爪是一道上档次的名菜，其烹饪方法也较复杂。

性味

多皮、筋，胶质大。常用于煮汤，也宜于卤、酱。

→ 营养成分

鸡的营养物质大部分为蛋白质和脂肪，多食易导致身体肥胖。鸡肉中欠缺钙、铁、胡萝卜素、硫胺素、核黄素、尼克酸以及各种维生素和粗纤维。

→ 注意事项

长期食用鸡脚易导致身体亚健康。孕妇食用了含有激素的鸡会导致回奶、过度肥胖；未成年人食用了还会性早熟。

→ 选购要点

选购鸡脚时，要求鸡脚的肉皮色泽白亮并且富有光泽，无残留黄色硬皮；鸡脚质地紧密，富有弹性，表面微干或略显湿润且不粘手。如果鸡脚色泽暗淡无光，表面发黏，则表明鸡脚存放时间过久，不宜选购。

花生木瓜鸡脚汤

材料

鸡脚 300 克,排骨 200 克,花生仁 50 克,木瓜 1 个,生姜 2 片,贻贝 20 克,生抽、盐适量。

做法

① 鸡脚剥去黄衣,洗净。排骨洗净斩块。将二者分别"飞水"。花生仁洗净。生姜洗净略拍。木瓜洗净去皮、籽及瓤,切成粗块。

② 除木瓜外,将所有材料同放入汤煲内,加适量清水,先大火烧沸,撇去浮沫,改小火煲 1 小时,然后倒入木瓜块再煲 30 分钟,下盐、生抽调味。

Tips

面色不佳、消化不良者常喝此汤有不错的食疗功效。

功效:祛湿、养肝、美容

栗子百合鸡脚汤

材料

新鲜鸡脚 10 只,鲜栗子肉 250 克,百合、莲子各 50 克,生姜 2 片,贻贝 20 克,生抽、盐适量。

做法

① 剥去鸡脚附着之黄衣,斩去趾骨,洗净,斩开两段,"飞水"。百合、莲子洗净,用清水浸泡 1 小时。栗子肉洗净。

② 将所有材料同放入汤煲内,加适量清水,先大火烧开,改小火煲 1.5 小时,下盐、生抽调味。

功效:健脾养胃、美容养颜

花生黄豆煲鸡脚汤

材料

新鲜鸡脚 350 克,花生仁、黄豆各 50 克,生姜 2 片,香菇 3 朵,陈皮一小块,贻贝 20 克,生抽、盐适量。

做法

① 鸡脚剥去黄衣,剁去脚趾尖,洗净,"飞水"。黄豆、花生仁分别洗净,用清水浸泡 1 小时。香菇泡开去蒂,每朵对半切。陈皮洗净。生姜洗净略拍。

② 将所有材料同放入汤煲内,加适量清水,先大火烧开,改小火煲 1 小时,下盐、生抽调味。

功效:补血养颜、强筋健骨

冬菇鸡脚汤

材料

鸡脚 16 只,冬菇 60 克,马蹄 10 个,盐适量。

做法

① 鸡脚洗净,斩去趾甲,放入开水中煮 3 分钟,捞起过冷河。

② 冬菇浸软,去蒂,洗净;马蹄去皮,洗净,对半切。

③ 将鸡脚、马蹄放入锅内,加清水适量,武火煮沸后,文火煲 1.5 小时,放入冬菇,再煲 0.5 小时,加盐调味即可。

功效:美容养颜

乌鸡

介绍

别名武山鸡、乌骨鸡、药鸡、羊毛鸡、绒毛鸡、松毛鸡、黑脚鸡、丛冠鸡、穿裤鸡、竹丝鸡。因皮、肉、骨、嘴均为黑色而得名。不仅肉质结实、炖而不烂、鲜美细滑、清香甘润，而且比甲鱼、白丝毛乌鸡含有更多黑色素，入药更佳，药效更高。

性味

性平，味甘，无毒。具有滋阴清热、补肝益肾、健脾止泻等作用。

→ 营养成分

富含黑色素、蛋白质、B 族维生素等 18 种氨基酸和 18 种微量元素，其中烟酸、维生素 E、磷、铁、钾、钠的含量均高于普通鸡肉，胆固醇和脂肪含量却很低，乌鸡的血清总蛋白和球蛋白质含量均明显高于普通鸡，乌鸡肉中含氨基酸高于普通鸡，而且含铁元素也比普通鸡高很多，是营养价值极高的滋补品。具有滋补肝肾、益气补血、滋阴清热、调经活血、止崩治带、治心腹痛的显著功效。

→ 注意事项

乌鸡不宜与野鸡、甲鱼、鲤鱼、鲫鱼、兔肉、虾子、葱、蒜一同食用；与芝麻、菊花同食易中毒。

→ 选购要点

选择黑色深重、体形较大的乌鸡为佳，其保健成分含量高于浅色乌鸡。

→ 材料

光乌鸡半只（约400克），虫草花10克，淮山30克，红枣5粒，枸杞子一小撮，生姜2片，贻贝20克，生抽、盐适量。

→ 做法

① 乌鸡去尾部、头颈，洗净斩块，"飞水"。红枣去核洗净。虫草花、枸杞子分别略洗。淮山洗净，用清水浸泡1小时。生姜洗净略拍。

② 将所有材料同放入汤煲内，加适量清水，先大火烧开，撇去浮沫，改小火煲1小时，下盐、生抽调味。

功效：补中益气、养血生津、补益脾胃、益肺滋肾

冬

虫草淮山乌鸡汤

椰子瘦肉乌鸡汤 夏

材料

光乌鸡半只(约400克),椰子1只,瘦肉100克,红枣6粒,生姜2片,珧柱一小把,生抽、盐适量。

做法

① 乌鸡洗净斩块,瘦肉洗净切小方块,将二者分别"飞水"。椰子打开,倒出椰汁,取出椰肉,椰汁待用,椰子肉削去黑皮,切块。珧柱洗净。生姜洗净略拍。红枣洗净。

② 除椰汁外,将所有材料同放入汤煲内,加适量清水,先大火烧开,改小火煲1小时至椰肉出味,然后倒入椰汁,再煲10分钟,下盐、生抽调味。

Tips

食用乌鸡可提高生理机能、延缓衰老、强筋健骨,对防治骨质疏松、佝偻病、妇女缺铁性贫血症等有明显功效。珧柱能滋阴补肝肾、益精髓、活血散结、调中消食。

功效:滋阴清热、补肝益肾、健脾止泻、美容养颜

淮杞瘦肉乌鸡汤 冬

材料

光乌鸡半只(约500克),瘦肉100克,淮山30克,枸杞子一小把,红枣5粒,生姜2片,生抽、盐适量。

做法

① 乌鸡去除尾部,斩块,洗净,"飞水"。瘦肉洗净切小块。淮山洗净,用清水浸泡1小时。枸杞子略洗。红枣洗净,去核。生姜洗净略拍。

② 汤煲内放入所有材料,加足量清水,先大火烧沸,改小火煲1小时,下盐、生抽调味即可。

功效:健肺脾胃、补益气血

白果竹荪乌鸡汤 四季

材料

光乌鸡半只(约500克),白果仁15粒,竹荪5个,红枣5粒,枸杞子一小撮,生姜2片,生抽、盐适量。

做法

① 乌鸡去尾部、头颈,洗净斩块,"飞水"。白果仁洗净。竹荪洗净,用清水浸泡片刻。红枣去核洗净。枸杞子略洗。生姜洗净略拍。

② 将所有材料同放入汤煲内,加适量清水,先大火烧开,撇去浮沫,改小火煲1小时,·下盐、生抽调味。

Tips

经常食用白果,可滋阴养颜、延缓衰老,扩张血管,促进血液循环,使人肌肤、面部红润,精神焕发,延年益寿,是老幼皆宜的保健食品。

功效:滋阴养颜、延缓衰老

黄芪炖乌鸡汤

材料

　　黄芪25克，乌鸡半只（约500克），生姜2片，红枣5粒，枸杞子一小撮，生抽、盐适量。

做法

　　① 乌鸡洗净斩块，"飞水"。黄芪略洗。红枣去核洗净。枸杞子冲一下。生姜洗净略拍。

　　② 将所有材料同放入炖盅内，加适量清水，加盖，隔水大火炖2小时，下盐、生抽调味。

Tips

此汤可用作治疗月经不调、白带过多、月经痛、血虚头晕等妇科疾病的辅助食疗。

功效：补脾益气、养阴益血

黄芪当归炖乌鸡汤

材料

　　黄芪20克，当归15克，光乌鸡半只（约500克），生姜2片，生抽、盐适量。

做法

　　① 黄芪、当归略洗。光乌鸡洗净斩块，"飞水"。生姜洗净略拍。

　　② 将所有材料同放入炖盅内，加足量清水，加盖，隔水大火炖2小时，下盐、生抽调味。

Tips

此汤适合于体质素虚、疲倦乏力、气血虚弱者以及女性服食。

功效：补气养血、和中健脾

枸杞红枣乌鸡汤

材料

　　光乌鸡半只（约400克），红枣5粒，枸杞子一小撮，生姜2片，生抽、盐适量。

做法

　　① 乌鸡洗净斩块，"飞水"。红枣去核洗净。枸杞子冲一下。生姜洗净略拍。

　　② 将所有材料同放入炖盅内，加适量清水，加盖，隔水大火炖1小时，下盐、生抽调味。

Tips

食用乌鸡可以提高生理机能、延缓衰老、强筋健骨，对防治骨质疏松、佝偻病、妇女缺铁性贫血症等有明显功效，对治疗女性体弱不孕、月经不调、习惯性流产、赤白带下及产后虚弱等症均有疗效。此汤对体虚血亏、肝肾不足、脾胃不健者食用效果更佳。

功效：补血养颜、益精明目

香菇枸杞炖乌鸡汤

材料

光乌鸡半只（约 500 克），干香菇 4 朵，红枣 5 粒，枸杞子一小把，生姜 2 片，生抽、盐适量。

做法

① 乌鸡去尾部，洗净斩块，"飞水"。香菇泡开去蒂，对半切。红枣去核洗净。枸杞子略洗。生姜洗净略拍。

② 将所有材料同放入炖盅内，加适量清水，加盖，隔水大火炖 2 小时，下盐、生抽调味。

功效：补血养颜、益精明目

乌鸡补血汤

材料

乌鸡 1 只，当归、熟地黄、白芍、知母、地骨皮各 10 克。生抽、盐适量。

做法

① 将乌鸡去内脏、毛等杂物后洗净。

② 上药洗净，放入乌鸡腹中，用线把切口缝好，放入砂锅中，加水适量，用武火煮沸后，改用文火慢炖至乌鸡肉熟烂，下盐、生抽即可。

功效：补气益血

石斛花旗参灵芝乌鸡汤

材料

光乌鸡半只（约 500 克），石斛、花旗参片、灵芝片各 10 克，蜜枣 2 粒，生姜 2 片，生抽、盐适量。

做法

① 乌鸡洗净斩块，"飞水"。石斛、花旗参片、灵芝片冲一下。蜜枣略洗。生姜洗净略拍。

② 将所有材料同放入汤煲内，加适量清水，先大火烧沸，改小火煲 2 小时，下盐、生抽调味。

功效：滋阴润肺、清热生津、解酒护肝、健脾养胃

豆蔻草果炖乌鸡汤

材料

乌鸡 1 只，白豆蔻 30 克，草果 15 克，盐适量。

做法

① 将乌鸡洗净，去内脏，滴干水。

② 白豆蔻、草果洗净略打碎，放入鸡肚内，用线缝合，放入炖盅内，加入开水适量，文火隔开水炖 3 小时，加盐调味即可。

功效：温中散寒、行气化湿

土鸡

介绍

即本地鸡，也叫草鸡、柴鸡、笨鸡，放养于山野、林间、果园中的肉鸡。具有耐粗饲、就巢性强和抗病力强等特性，肉质鲜美。由于品种间相互杂交，鸡的羽毛色泽有"黑、红、黄、白、麻"等，脚的皮肤也有黄色、黑色、灰白色等。对于广东而言，三黄鸡、杏花鸡、麻鸡均是较好的品种。

性味

性平、温，味甘，入脾、胃经。可益气、补精、添髓。

⊖ 营养成分

富含蛋白质，可以维持钾钠平衡，消除水肿，提高免疫力，降血压，改善贫血，有利于生长发育。富含烟酸，具有促进消化系统健康，有益皮肤健康，促进血液循环。富含铜，铜是人体健康不可缺少的微量营养素，对于血液、中枢神经和免疫系统，头发、皮肤和骨骼组织以及脑、肝、心等内脏的发育和功能有良好的促进作用。

⊖ 注意事项

感冒、动脉硬化、高血压患者，血脂偏高者、肥胖症患者和患有热毒疖肿者忌食。

⊖ 选购要点

土鸡的毛紧凑，仿土鸡毛松。正宗土鸡脚较细，呈黄色，仿土鸡脚较粗大。土鸡呈黄色，仿土鸡颜色淡白。仿土鸡会有淋巴，正宗土鸡无淋巴。土鸡纤维较细，仿土鸡纤维粗。

椰盅炖土鸡

材料

新鲜椰子1个，光土鸡1/4只（约200克），瘦肉100克，枸杞子一小撮，淮山10克，红枣3粒，生姜2片，生抽、盐适量。

做法

① 买椰子时请卖家锯去顶壳1/3，将椰汁倒出留用，壳保留完整，并洗净沥干水分备用。

② 光鸡洗净斩小块，"飞水"。瘦肉洗净切丁。枸杞子略洗。淮山洗净，用清水浸泡30分钟。红枣去核洗净。生姜洗净略拍。

③ 椰子放在碗内固定，把所有材料放进椰子内，加入椰汁至九成满。盖上椰子顶壳，用炖汤纱纸把顶壳封住，小火隔水炖3小时，最后下盐、生抽调味。

Tips

此汤尤其适合体虚乏力、肾气弱者。

功效：滋肝补虚、益气美容、养胃益肾

杜仲土鸡汤

材料

光土鸡半只（约500克），杜仲10克，红枣5粒，枸杞子一小把，生姜2片，生抽、盐适量。

做法

① 光土鸡去除肥脂、尾部，洗净斩块，"飞水"。枸杞子略洗。红枣去核洗净。生姜洗净略拍。杜仲略洗。

② 将所有材料同放入汤煲内，加适量清水，先大火烧开，撇去浮沫，改小火煲1.5小时，下盐、生抽调味。

Tips

此汤补而不燥，适用于老年多病、气血虚弱、腰酸肢冷及妇女产后虚弱等。

功效：补中益气、滋补肝肾、益精明目

当归花生炖土鸡汤

材料

光土鸡半只（约500克），当归20克，花生仁60克，红枣6粒，木耳10克，生姜3片，生抽、盐适量。

做法

① 土鸡去除肥脂、尾部，洗净斩块，"飞水"。花生仁洗净，用清水浸泡1小时。红枣去核洗净。木耳用清水浸发，去硬蒂，洗净切成小朵。生姜洗净略拍。

② 将所有材料同放入汤煲内，加适量清水，加盖，隔水大火煲2小时，下盐、生抽调味。

Tips

花生中含有丰富的脂肪油和蛋白质，对产后乳汁不足者有养血通乳作用。木耳常食能养血驻颜，令人肌肤红润，容光焕发，并可防治缺铁性贫血。

功效：补血活血、补虚益气

鸭

介绍

别名鹜肉、家凫肉。鸭肉是一种美味佳肴，适于滋补，是各种美味名菜的主要原料。名列"鸡鸭鱼肉"四大荤。

性味

性寒，味甘、咸，归脾、胃、肺、肾经。有滋补、养胃、补肾、除痨热骨蒸、消水肿、调和脏腑、通利水道、定小儿抽风、解丹毒、止热痢、生肌敛疮、止咳化痰等作用。

→营养成分

鸭肉蛋白质含量比畜肉含量高得多，脂肪含量适中且分布较均匀。含 B 族维生素和维生素 E 较其他肉类多，能有效抵抗脚气、神经炎和多种炎症，还能延缓衰老。鸭肉中含有较为丰富的烟酸，是构成人体内两种重要辅酶的成分之一，对心肌梗死等心脏疾病患者有保护作用。

→注意事项

身体虚寒者，有因受凉引起不思饮食、胃部疼痛，腹泻清稀、腰痛、寒性痛经、肥胖、动脉硬化等症状以及慢性肠炎者应少食；感冒患者不宜食用。

→选购要点

体表光滑，呈乳白色，切开后切面呈玫瑰色，表明是优质鸭，如果鸭皮表面渗出轻微油脂，可以看到浅红或浅黄颜色，同时内切面为暗红色，则表明鸭的质量较差。变质鸭可以在体表看到许多油脂，色呈深红或深黄色，肌肉切面为灰白色、浅绿色或浅红色。

淡菜芡实淮山老鸭汤 春

材料

光老鸭半只（约650克），芡实50克，淡菜100克，淮山30克，生姜3片，生抽、盐适量。

做法

① 老鸭去除肥脂、尾部，洗净斩块，"飞水"。芡实洗净，用清水稍浸泡。淡菜用清水浸软，洗净。淮山洗净，用清水浸泡30分钟。生姜洗净略拍。

② 将所有材料同放入汤煲内，加适量清水，先大火烧沸，撇去浮沫，改小火煲2小时，下盐、生抽调味。

Tips

淮山为补中益气药，具有补益脾胃的作用，特别适合脾胃虚弱者进补前食用。此汤尤其适合春困、胃口不佳者食用。

功效：补肾填精、补脾止泻、祛湿止带、健脾开胃、养血补水

谷麦芽鸭肾汤 春

材料

谷芽、麦芽各20克，鲜鸭肾2个，腊鸭肾2个，茯苓15克，蜜枣2粒，生姜1片。生抽、盐适量。

做法

① 谷芽、麦芽分别洗净。腊鸭肾用清水浸软。鲜鸭肾剖开，去除污物，鸭内金洗净备用。将腊鸭肾和鲜鸭肾分别切片。茯苓打碎。蜜枣略洗。生姜洗净略拍。

② 将所有材料同放入汤煲内，加适量清水，先大火烧沸，改小火煲1.5小时，如嫌汤淡者可下盐、生抽调味。

Tips

此汤尤其适合消化不良、食欲欠佳者饮用。作为家常保健靓汤，常喝能增强脾胃功能，增进食欲。

功效：健脾开胃、帮助消化、增进食欲

茶树菇老鸭汤 春

材料

干茶树菇50克，光老鸭1/4只（约350克），春笋100克，生姜2片，生抽、盐适量。

做法

① 干茶树菇用清水浸软，洗净，切段。光老鸭去除肥脂，洗净斩成块，"飞水"。春笋洗净切段。生姜洗净略拍。

② 将所有材料同放入汤煲内，加适量清水，先大火烧沸，撇除浮沫，改小火煲1.5小时，下盐、生抽调味。

Tips

此汤尤其适合大暑季节小孩胃口不好时食用。

功效：健脾开胃、滋阴生津

石斛雪梨炖水鸭 夏

材料

> 石斛 10 克，麦冬 20 克，雪梨 1 个，光水鸭半只（约 600 克），生姜 3 片，生抽、盐适量。

做法

> ① 石斛、麦冬略洗。雪梨去蒂，洗净切块，去籽、核。生姜洗净略拍。水鸭去肥脂，洗净斩块，"飞水"。
> ② 将所有材料放入炖盅内，加适量清水，加盖，隔水大火炖 1.5 小时，下盐调味。

功效：滋阴润肺、生津清热

土茯苓绿豆老鸭汤 夏

材料

> 土茯苓、绿豆各 100 克，光老鸭半只（约 600 克），陈皮 1 块，生姜 3 片，生抽、盐适量。

做法

> ① 老鸭去除肥脂，洗净后斩块，"飞水"。生姜洗净略拍。陈皮洗净。土茯苓、绿豆分别洗净，绿豆用清水浸泡 1 小时。烧热镬，下姜，将鸭块炒至干水盛起。
> ② 将所有材料同放入汤煲内，加适量清水，先大火烧开，撇去浮沫，改小火煲 1.5 小时，下盐、生抽调味。

Tips

> 此汤尤其适合夏季食欲不振者食用。

功效：清热解毒、利湿消胀

珧柱冬瓜老鸭汤 夏

材料

> 冬瓜 600 克，珧柱一小把，光老鸭半只，红枣 2 粒，陈皮一小块，生姜 3 片，生抽、盐适量。

做法

> ① 冬瓜去瓤、籽，洗净连皮切块。珧柱洗净，用清水浸泡 30 分钟。红枣略洗。陈皮洗净，用清水浸软。生姜洗净略拍。老鸭切除肥脂、尾部，洗净斩块，"飞水"。
> ② 除冬瓜外，将所有材料同放入汤煲内，加适量清水，先大火烧开，撇去浮沫，改小火煲 1 小时，然后下冬瓜块，再煲 30 分钟，下盐、生抽调味。

Tips

> 冬瓜几乎不含脂肪，常食有不错的减肥效果。此汤尤其适合身体虚弱、虚不受补、津液不足、皮肤干燥者饮用。

功效：清热生津、滋补养颜

冬瓜老鸭汤

→ 材料

老鸭 250 克，冬瓜 200 克，薏米 15 克，扁豆 10 克，荷叶 1 片，生姜 1 片，贻贝 20 克，生抽、盐适量。

→ 做法

① 老鸭去尾部和内脏，洗净斩块后"飞水"；冬瓜洗净，连皮切块；薏米、扁豆洗净，清水浸泡 3 小时；荷叶洗净；生姜洗净略拍。

② 砂锅内放入所有材料，加适量清水，先大火烧开，改小火煲 1.5 小时，下盐、生抽调味。

功效：化痰止咳、利尿消肿、清热祛暑、解毒排脓

Tips 嫩鸭一般用于烹制家常菜，而老鸭常用于炖汤。如何分辨老嫩呢？关键看鸭的皮色和脚色。皮雁黄色，脚深黄色是老鸭；皮雪白光润、脚呈黄色是嫩鸭；脚色黄中带红的是老嫩适中鸭。

芡实薏米老鸭汤　夏

材料

冬瓜750克,光老鸭半只(约650克),芡实、薏米各30克,蜜枣2粒,生姜2片,生抽、盐适量。

做法

① 冬瓜去除瓤、籽,洗净连皮切块。老鸭去除肥脂,洗净斩块,入油镬小火炒出香味盛起。蜜枣略洗。生姜洗净略拍。

② 除冬瓜外,将所有材料同放入汤煲内,加适量清水,先大火烧沸,改小火煲1小时,然后下冬瓜块再煲30分钟,下盐、生抽调味。

功效:清肺健脾、开胃消暑、祛湿利水

海带老鸭汤　夏

材料

老鸭半只(约750克),干海带1个,枸杞子20克,生姜1片,贻贝20克,花生油、料酒、盐各适量。

做法

① 老鸭去肥脂、头、脚及内脏,洗净后斩成块。生姜洗净略拍。枸杞子略洗。

② 干海带用清水浸发,反复刷洗以去除泥沙,然后切成片。

③ 镬内下油烧热,下姜片爆香,放入鸭块,溅料酒,炒出香味盛起。

④ 锅内放入所有材料,加足量清水,先大火烧沸,撇去浮沫后,改小火煲2小时,下盐、生抽调味即可。

> **Tips**
>
> 鸭肉是祛寒除湿温补之物,尤适合体热上火者常食,以达到滋补去湿、养胃补肾、除痰健肺、解毒消肿的食疗作用。

功效:利水消肿、防暑祛热

冬瓜薏米老鸭汤　夏

材料

光老鸭半只,冬瓜500克,薏米50克,扁豆、芡实各30克,蜜枣2粒,生姜3片,白酒、生抽、盐各适量。

做法

① 光老鸭切除肥脂、尾部,斩块洗净。烧热镬不下油,放入鸭块和拍扁的生姜片,煎出鸭油,鸭皮煎至略带金黄,翻面,继续煎至金黄。加入大约一汤勺白酒,翻炒几下把煎透的鸭块捞起。

② 冬瓜去籽,洗净后带皮切块。薏米、扁豆、芡实洗净,提前用清水浸泡3小时。生姜洗净略拍。蜜枣略洗。

③ 将鸭块、薏米、扁豆、芡实、蜜枣、生姜同放入汤煲内,加足量清水,先大火烧开,改小火煲1小时,最后下冬瓜块同煲30分钟,下盐、生抽调味。

> **Tips**
>
> 鸭肉性偏凉,具有滋五脏之阴,清虚劳之热,补血行水,养胃生津,止咳息惊等功效,特别适合体热上火者食用,也适合夏季食用。

功效:滋阴养胃、健脾补虚、消暑祛湿

夏

虫草煲鸭汤

→ 材料

雄鸭半只（约750克），冬虫草10克，生姜2片，葱白少许，生抽、盐适量。

→ 做法

① 雄鸭去肥脂，洗净后斩成小块，"飞水"；虫草略洗；生姜洗净略拍；葱白切段。

② 砂锅内放入所有材料，加适量清水，先大火烧沸，再改小火煲1.5小时，下盐、生抽调味即可。

功效：平补阴阳、强壮身体、延缓衰老

Tips 鸭肉虽好，吃时也有讲究。首先，感冒患者不宜食用鸭肉，否则可能会加重病情。其次，慢性肠炎者要少吃，鸭肉味甘、咸，吃了可能使肠炎病情加重；有腹痛、腹泻、腰痛、痛经等症状的人也最好少吃鸭肉。

沙参玉竹麦冬煲老鸭汤 秋

材料

光老鸭半只，北沙参、玉竹、百合各30克，麦冬10克，生姜2片，生抽、盐适量。

做法

① 北沙参和玉竹用清水洗净，玉竹用清水浸泡30分钟。生姜洗净略拍。老鸭去除肥脂，斩成块，洗净血水，"飞水"。

② 将所有材料同放入汤煲内，加足量清水，先大火烧沸，改小火煲1.5小时，加盐、生抽调味即可。

鸭肉能滋阴补血，民间有"嫩鸭湿毒，老鸭滋阴"之说，用于调补、食疗时，多选用老鸭。沙参有南沙参和北沙参两种，功效相似，都有润肺止咳、养胃生津的作用。日常煲汤常选用滋阴润燥功效较强的北沙参。

功效：养阴润燥、生津止渴、润肺止咳、清心安神

虫草花胶炖水鸭汤 冬

材料

冬虫夏草3克，花胶20克，光水鸭半只（约600克），生姜2片，生抽、盐适量。

做法

① 冬虫夏草略洗。花胶用清水浸发，洗净沥干水。水鸭去除肥脂，洗净斩块，"飞水"。生姜洗净略拍。

② 将所有材料放入炖盅内，加适量清水，加盖，隔水大火炖2小时，下盐、生抽调味。

尤其适合贫血肢冷、体质虚弱者饮用。日常饮用，能固肾养颜，是冬季调补身体的保健靓汤。

功效：滋阴益气、健脾固肾、补益脏腑

灵芝蜜枣老鸭汤 冬

材料

紫灵芝50克，陈皮1个，老鸭1只，蜜枣3粒，盐适量。

做法

① 将老鸭剖洗干净，去毛、去内脏，去鸭尾，斩大件。紫灵芝、陈皮分别用清水洗净。蜜枣略洗。

② 将以上全部材料放入已经煲滚的水中，继续用中火煲约3小时，加盐调味即可。

功效：滋补肺肾、养阴止喘

沙参玉竹老鸭汤

→ 材料

老光鸭 1 只（约 1000 克），沙参、玉竹、火腿各 20 克，盐适量。

→ 做法

① 老光鸭切去脚、屁股，洗净、斩块，然后"飞水"。如怕肥腻，可以撕去鸭皮。沙参、玉竹分别洗净，浸泡 1 小时。火腿切片。

② 将所有材料放入砂锅内，加适量清水，先武火煲滚，改文火煲 2 小时，下盐调味。

功效：滋阴润肺、清热解毒

沙参分南、北两种。一般认为两药功效相似，均属养阴药。日常煲汤常选用滋阴润燥功效较强的北沙参。

老鸽

介绍

又名家鸽、肉鸽、鹁鸽、白凤，肉质鲜美，营养丰富。广东有"老鸽子肉煲汤，小鸽子肉烧或是清蒸"的说法。具有补肝壮肾、益气补血、清热解毒、生津止渴等功效。鸽子的营养价值极高，既是名贵的美味佳肴，又是高级滋补佳品。

性味

味甘、咸，性平。归肝、肾经。

营养成分

富含高蛋白、低脂肪，蛋白含量为 24.47%，鸽肉含有维生素 B_{16}、维生素 C、维生素 D，以及人体正常生命必需的碳水化合物。鸽肉含有丰富的软骨素，可增加皮肤弹性，改善血液循环，加快伤口愈合。

注意事项

孕妇忌食鸽肉。食鸽肉期间，注意保持良好的作息习惯，尽量避免熬夜。同时少吃辛辣或者刺激性食物。

选购要点

鼻子光洁、透出血红色为嫩鸽，厚毛、粗毛为老鸽。

桂圆红豆老鸽汤　　冬

材料

光老鸽 1 只，桂圆肉 10 粒，红枣 6 粒，红豆 50 克，枸杞子一小撮，生姜 2 片，生抽、盐适量。

做法

① 红豆洗净，用清水提前浸泡 3 小时。红枣去核洗净。桂圆干略洗。枸杞子略洗。生姜洗净略拍。老鸽洗净斩块，"飞水"。

② 将所有材料同放入汤煲内，加适量清水，先大火烧开，撇去浮沫，改小火煲 1 小时，下盐、生抽调味。

Tips

鸽肉尤其适合老年人、体虚病弱者、手术病人、孕妇及儿童食用。红豆富含铁质，有补血的作用，是女性生理期的滋补佳品。

功效：利水解毒、养血益脾、补心安神

淮山干贝老鸽汤　　冬

材料

光老鸽 1 只，瘦肉 100 克，淮山 30 克，干贝（即珧柱）一小把，红枣 2 粒，陈皮一小块，枸杞子一小撮，生姜 2 片，生抽、盐适量。

做法

① 光老鸽切去尾部，洗净斩块；瘦肉洗净切小块。将二者分别"飞水"。淮山洗净，用清水浸泡 30 分钟。红枣、枸杞子、珧柱、陈皮分别冲洗一下。生姜洗净略拍。

② 将所有材料同放入汤煲内，加适量清水，先大火烧开，撇去浮沫，改小火煲 1 小时，下盐、生抽调味。

Tips

此汤尤其适合女性在冬季食用。

功效：补中益气、滋阴润燥

乳鸽

介绍

即雏鸽，孵出不久的小鸽子，既未换毛又未会飞翔者，肉厚而嫩，滋养作用较强，鸽肉滋味鲜美，肉质细嫩。乳鸽的骨内含丰富的软骨素，常食能增加皮肤弹性，改善血液循环。乳鸽肉含有较多的支链氨基酸和精氨酸，可促进休内蛋白质的合成，加快创伤愈合。

性味

味甘、咸，性平。归肝、肾经。

→ 营养成分

富含粗蛋白质和少量无机盐等营养成分。

→ 注意事项

孕妇忌食鸽肉。食鸽肉期间，注意保持良好的作息习惯，尽量避免熬夜。同时少吃辛辣或者刺激性食物。

→ 选购要点

鼻子光洁的，透出血红色为嫩鸽，厚毛、粗毛为老鸽。

桂圆花旗参炖乳鸽汤

材料

光乳鸽 1 只，花旗参 10 克，龙眼肉 10 克，红枣 6 粒，生姜 2 片，生抽、盐适量。

做法

① 光乳鸽洗净斩块，"飞水"。龙眼肉洗净。红枣去核洗净。生姜洗净略拍。

② 将所有材料同放入炖盅内，加适量清水，加盖，隔水大火炖 2 小时，下盐、生抽调味。

Tips

这道汤品中的龙眼、花旗参都具有一定的安神功效，只是注意不要过量喝，否则很容易上火。花旗参性寒而人参性温，人参不适合热补的人，热补的人可以改用花旗参，而阳虚体质的人就要慎用了。此汤适宜于内分泌失调引起的烦躁、失眠者。

功效：安神温补

→ 材料

　椰子1个，光鸽2只（约500克），干银耳20克，蜜枣2粒，生姜2片，生抽、盐适量。

→ 做法

① 椰子洗净，在壳上凿一小孔将椰子水倒出来备用。然后将椰子壳敲碎，取出椰子肉，削去黑皮，洗净切成小块。

② 光鸽洗净斩成小块，"飞水"。干银耳用清水浸透，去蒂洗净，撕成小朵。蜜枣略洗。生姜洗净略拍。

③ 除椰子水外，汤煲内放入所有材料，加足量清水，先大火烧开，改小火煲1.5小时，然后倒入椰子水，再煲30分钟，下盐、生抽调味。

功效：补益滋润、健脑益智

夏

椰子银耳鸽子汤

Tips　椰子肉有补虚强壮，益气祛风，消疳杀虫的功效，久食能令人面部润泽；椰水有滋补、清暑解渴的作用，主治暑热类渴，津液不足之口渴。

沙参玉竹炖乳鸽汤

材料

北沙参、玉竹各 20 克，莲子 50 克，光乳鸽 1 只，红枣 5 粒，枸杞子一小撮，生姜 2 片，生抽、盐适量。

做法

① 沙参、玉竹洗净，用清水浸泡 20 分钟。红枣去核洗净。枸杞子略洗。生姜洗净略拍。莲子洗净，清水浸 2 小时。光乳鸽洗净斩块，"飞水"。
② 将所有材料同放入炖盅内，加适量清水，加盖，隔水大火炖 2 小时，下盐、生抽调味。

Tips

乳鸽的骨内含丰富的软骨素，常食能增加皮肤弹性，改善血液循环，强身健体，清肺顺气。此汤对于肾虚体弱、心神不宁、儿童成长、体力透支者均有功效，对于久病、产后或老年体虚者，更是常用营养佳品，尤其适合秋季干燥季节食用。

功效：滋阴润燥、生津止渴、益精明目

山药玉竹麦冬炖乳鸽汤

材料

山药、玉竹各 20 克，麦冬 10 克，光乳鸽 1 只，枸杞子一小撮，生姜 2 片，生抽、盐适量。

做法

① 山药、玉竹、麦冬洗净，浸泡 1 小时。枸杞子冲一下。生姜洗净略拍。乳鸽洗净斩块，"飞水"。
② 将所有材料同放入炖盅内，加适量清水，加盖，大火隔水炖 1 小时，下盐、生抽调味。

Tips

常食鸽肉可以治疗因肾精不足引起的身体虚弱。

功效：滋阴润肺、补虚养颜、延年益寿

→ 材料

瘦光乳鸽 2 只，瘦肉 200 克，黄芪、枸杞子各 20 克，姜 1 片，生抽、盐适量。

→ 做法

① 黄芪、枸杞子略洗；乳鸽斩去脚，斩块，"飞水"；瘦肉洗净切小块，"飞水"。

② 砂锅内放入所有材料，加适量清水，先武火煲滚，改文火煲 1.5 小时，下盐、生抽调味即可。

功效：滋补肝肾、滋阴养颜、补肾益气、解毒洁肤

Tips　乳鸽是指孵出不久的小鸽子，即未换毛又不会飞翔者，肉厚而嫩，滋养作用较强。鸽肉的做法多种多样，但清蒸或煲汤能最好地保存其营养成分。

白果猪肚乳鸽汤 冬

材料

猪肚 400 克，光乳鸽 1 只，白果仁 15 粒，生姜 3 片，葱 2 根，油、胡椒粉、生抽、盐各适量。

做法

① 猪肚洗净切小块，用盐抓匀，腌渍 10 分钟，然后用清水冲净，"飞水"。乳鸽洗净斩块，"飞水"。白果仁洗净。生姜洗净略拍。葱去根，洗净切段。镬内下油烧热，下姜片爆香，倒入猪肚块爆炒出香味盛起。

② 除葱段外，将所有材料同放入汤煲内，加适量清水，先大火烧开，撇去浮沫，改小火煲 1.5 小时，再下葱段略煮，下盐、生抽调味。

功效：补益脾胃、滋补养颜、补肾益气、解毒洁肤

天麻炖乳鸽汤 四季

材料

光乳鸽 1 只，天麻（切片）10 克，生姜 1 片，料酒、盐适量。

做法

① 光乳鸽去趾尖、内脏，洗净后斩块，"飞水"。天麻略洗。生姜略拍。

② 炖盅内放入所有材料，溅料酒，加足量清水，加盖，大火隔水炖 2 小时，下盐、料酒调味。

功效：安神补脑、益气补血

芪归芝麻炖乳鸽汤 四季

材料

黄芪、当归、黑芝麻各 20 克，光乳鸽 1 只，红枣 5 粒，枸杞子一小撮，生姜 2 片，生抽、盐适量。

做法

① 光乳鸽洗净斩块，"飞水"。黄芪、当归、黑芝麻用清水冲净。红枣去核洗净。枸杞子略洗。生姜洗净略拍。

② 将所有材料同放入炖盅内，加适量清水，加盖，隔水大火炖 2 小时，下盐、生抽调味。

功效：补气养血、滋补肝肾、生发养颜、益精明目

介绍	性味
鹌鹑肉、鹌鹑蛋味道鲜美，营养丰富，被誉为"动物人参"。常用于治疗糖尿病、贫血、肝炎、营养不良等病。	性平，味甘，无毒，入肺及脾经，有消肿利水、补中益气的功效。

⊖ 营养成分

高蛋白、低脂肪、低胆固醇，适宜于高血压、营养不良、体虚乏力、贫血头晕、肾炎浮肿、泻痢、肥胖症、动脉硬化症等患者食用。

⊖ 注意事项

食用鹌鹑肉时不要与猪肉、猪肝、蘑菇、木耳同时食用。与猪肉同食会令人面部发黑。

⊖ 选购要点

嫩鹌鹑皮肉光滑、嘴柔软，品质较好。鹌鹑皮起皱、嘴坚硬的是老鹌鹑，品质较差。

腐竹白果鹌鹑汤 （夏）

材料

鲜腐竹 100 克，白果仁 10 粒，去皮马蹄 6 个，薏米 50 克，光鹌鹑 2 只，瘦肉 100 克，陈皮一小块，生姜 2 片，生抽、盐适量。

做法

① 腐竹洗净，折段。白果仁洗净。马蹄洗净对半切。薏米洗净，用清水浸泡 3 小时。陈皮洗净，浸软。生姜洗净略拍。

② 瘦肉洗净切小块。鹌鹑洗净斩块。将二者同"飞水"。

③ 除腐竹外，将所有材料同放入汤煲内，加适量清水，先大火烧开，撇去浮沫，改小火煲 1 小时，然后下腐竹段再煲 30 分钟，下盐、生抽调味。

Tips

鹌鹑肉对于贫血、营养不良、神经衰弱、气管炎、心脏病、高血压、肺结核、小儿疳积、月经不调病症都有理想的疗效。吃过多煎炸食物可能会令口腔及嘴角溃烂发炎（称口角炎），喝此汤可以缓解症状。

功效：补中益气、滋阴清热、润滑肌肤、养颜抗衰

清补凉鹌鹑汤 夏

材料

光鹌鹑3只，淮山30克，枸杞子一小撮，
蜜枣2粒，芡实、莲子、薏米各30克，
桂圆肉10粒，生姜2片，生抽、盐适量。

做法

① 鹌鹑洗净斩块，"飞水"。淮山、
芡实、莲子、薏米洗净，提前用清水
浸泡3小时。桂圆肉、枸杞子略洗。
生姜洗净略拍。
② 将所有材料同放入汤煲内，加适量
清水，先大火烧开，撇去浮沫，改小
火煲1.5小时，下盐、生抽调味。

功效：益肾固精、补脾止泻、养心安神、
利水消肿、健脾去湿

杜仲枸杞炖鹌鹑汤 夏

材料

光鹌鹑3只，枸杞子一小把，杜仲10克，
生姜2片，生抽、盐适量。

做法

① 光鹌鹑去肠杂、尾部，洗净斩块，
"飞水"。枸杞子、杜仲用清水冲一下。
生姜洗净略拍。
② 将所有材料同放入炖盅内，加适量
清水，加盖，隔水大火炖2小时，下盐、
生抽调味。

Tips

鹌鹑肉可补五脏，益精血，温肾助阳。男子
经常食用鹌鹑可增强性功能并增气力、壮
筋骨。

功效：滋补肝肾、益精明目、强筋健骨

枸杞黄精炖鹌鹑汤 夏

材料

光鹌鹑2只（约200克），枸杞子一小把，黄精20克，
红枣5粒，生姜1片，生抽、盐适量。

做法

① 鹌鹑去趾尖、内脏，洗净，"飞水"。
② 枸杞子、黄精略洗。红枣去核洗净。生姜略拍。
③ 炖盅内放入所有材料，溅料酒，加足量清水，加盖，
大火隔水炖2小时，下盐、生抽调味。

Tips

鹌鹑是良好的益智食品，含有丰富蛋白质、无机盐、维生素等，
有助于小儿发育、增进食欲、提高记忆力。脑力劳动者常食能消
除眩晕健忘症状，能提高智力，有健脑养神之作用。

功效：滋养肝肾、养阴生津、补精益智、强化筋骨

银耳杏仁炖鹌鹑汤 夏

材料

干银耳 20 克，南杏仁 20 克，北杏仁 10 克，光鹌鹑 2 只，猪排骨 150 克，生姜 3 片，生抽、盐适量。

做法

① 银耳用清水浸发，去硬蒂，洗净撕成小朵。南杏仁、北杏仁洗净。光鹌鹑去除杂毛，洗净，斩块，"飞水"。排骨洗净斩块，"飞水"。生姜洗净略拍。
② 将所有材料同放入炖盅内，加适量清水，加盖，隔水大火炖 2 小时，下盐、生抽调味。

Tips

银耳能润肺燥、养阴液、止口渴，配伍南杏仁、北杏仁，能使润肺化痰之功加强。

功效：养阴生津、润肺止咳、强身健体

桂圆杏仁炖鹌鹑汤 冬

材料

桂圆肉 10 粒，南杏仁 20 克，北杏仁 10 克，瘦肉 100 克，光鹌鹑 2 只，生姜 2 片，生抽、盐适量。

做法

① 桂圆肉、南杏仁、北杏仁分别洗净。瘦肉洗净切小块"飞水"。光鹌鹑去除杂毛，洗净，斩块，"飞水"。生姜洗净略拍。
② 将所有材料同放入炖盅内，加适量清水，加盖，隔水大火炖 2 小时，下盐、生抽调味。

Tips

南杏仁、北杏仁均有止咳平喘的功效，南杏仁长于补肺润燥而止咳喘，北杏仁则长于宣降肺气而止咳喘。二者合用，能润肺燥、降肺气，对肺燥咳喘疗效更好。

功效：补肺气、润肺燥、降肺气、止咳喘

青橄榄栗子鹌鹑汤 秋

材料

青橄榄 6 个，鲜栗子肉 150 克，胡萝卜 1 个，光鹌鹑 2 只，瘦肉 150 克，生姜 2 片，生抽、盐适量。

做法

① 青橄榄洗净，用刀拍裂。栗子肉洗净。胡萝卜洗净，去皮切粗块。鹌鹑拣去杂毛，洗净，斩块，"飞水"。瘦肉洗净切小块，"飞水"。生姜洗净略拍。
② 将所有材料同放入汤煲内，加适量清水，先大火烧沸，撇去浮沫，改小火煲 1 小时，下盐、生抽调味。

Tips

青橄榄既能清热解毒、利咽化痰、生津止渴，还能开胃解酒。此汤是调理秋燥伤津及言语过多伤及肺阴的保健靓汤。

功效：清热除烦、利咽生津、益肾强腰、养颜抗衰

鹧鸪

介绍

又称石鸡、红腿小竹鸡，鹧鸪肉是一种很好的滋补营养品。鹧鸪骨细肉厚，肉嫩味鲜，营养丰富。

性味

味甘，性温，无毒，入脾、胃、心经；能利五脏，开胃，益心神，补中消痰。一般人群均可食用。

→ 营养成分

富含蛋白质、脂肪且含有人体必需的18种氨基酸和较高的锌、锶等微量元素，具有壮阳补肾、强身健体的功效，是男女老少皆宜的滋补佳品。

→ 注意事项

鹧鸪每次食用量以1～2只为宜，一般隔4～5天食一次，食时要注意鹧鸪不宜与竹笋一起同食以免影响药效，令食用者小腹胀痛。

→ 选购要点

在农贸市场购买鹧鸪时要注意最好买活鹧鸪。

参芪炖鹧鸪

材料

鹧鸪2只（约600克），黄芪、党参各15克，生姜1片，料酒、生抽、盐各适量。

做法

① 鹧鸪去杂毛，除内脏，"飞水"。黄芪、党参略洗。生姜略拍。
② 炖盅内放入所有材料，加足量清水，溅料酒，加盖，隔水大火炖2小时，下盐、料酒、生抽调味即可。

Tips

此汤适用于小儿疳积、瘦弱、面色少血者。

功效：健脾益气

陈肾菜干鹧鸪汤

材料

腊鸭肾2个，鹧鸪2只，白菜干50克，蜜枣2粒，生姜2片，生抽、盐适量。

做法

① 白菜干用清水浸软，洗净切段。腊鸭肾洗净，用温水浸软，切块。光鹧鸪洗净斩块，"飞水"。蜜枣略洗。生姜洗净略拍。
② 将所有材料同放入汤煲内，加适量清水，先大火烧沸，撇去浮沫，改小火煲1小时，下盐、生抽调味。

功效：清燥润肺、养胃生津、消食健脾、止咳生津

灵芝炖鹧鸪汤

材料

灵芝3克，鹧鸪2只，生姜2片，绍酒、生抽、盐各适量。

做法

① 将宰割好的鹧鸪浸入水中，除去毛和内脏，洗净，放入盅内，加水适量，再加入灵芝。
② 将盛鸪和灵芝的盅放入锅内，隔水炖熟，加绍酒、盐少许调味即可。

功效：补中益气

玉竹沙参鹧鸪汤

材料

鹧鸪2只（约600克），玉竹、北沙参各20克，生姜2片，生抽、盐适量。

做法

① 光鹧鸪洗净血水，斩块，"飞水"。
② 玉竹洗净，用清水浸泡30分钟。北沙参洗净，折成小段。生姜洗净略拍。
③ 汤锅内放入所有材料，加足量清水，先大火烧沸，改小火煲1.5小时，下盐、生抽调味即可。

Tips

民间把鹧鸪作为健脾消疳积的良药，治疗小儿厌食、消瘦、发育不良效果显著。此汤适用于慢性支气管炎和口干咽燥者饮用。

功效：益气补血、健脾开胃、生津止渴

禽类

【药材与干货类】

灵芝

介绍

又称灵芝草、神芝、芝草、仙草、瑞草，是多孔菌科植物赤芝或紫芝的全株。具有补气安神、止咳平喘之功效，主要用于治疗眩晕不眠、心悸气短、虚劳咳喘等症。

性味

性平，味苦，无毒，归心、肝、脾、肺、肾五经。主治虚劳、咳嗽、气喘、失眠、消化不良、恶性肿瘤等。

→ 营养成分

灵芝含有多种氨基酸、蛋白质、生物碱、香豆精、甾类、三萜类、挥发油、甘露醇、树脂及糖类、维生素 B_2、维生素 C、内酯和酶类。硬脂酸、延胡索酸、苯甲酸等为其所含酸内的主要成分。灵芝还含有极丰富的稀有元素"锗"。

→ 注意事项

感冒、咳嗽、腹痛、腹泻、喉咙痛等急性病忌食灵芝，因急病多属实证，服用灵芝会加重病情。勿与消炎药、清热解毒药一起吃，否则会降低效果。

→ 选购要点

灵芝分野生灵芝和人工栽培灵芝两种。野生灵芝多为褐黑色，有光泽。栽培灵芝为棕色实体。好的灵芝柄短，肉厚，呈淡黄或金黄色为最佳，呈白色的次之，呈灰白色而且管孔较大的则最次。野生灵芝在幼嫩时如果被虫蛀过，会使许多其他多孔菌混杂其中，应注意剔除。

灵芝陈皮老鸭汤 夏

材料

　　紫灵芝50克，陈皮1个，老鸭1只，蜜枣2粒。

做法

　① 将老鸭剖洗干净，去毛、去内脏、去鸭尾，斩大件，"飞水"；紫灵芝、陈皮用清水洗干净；蜜枣略洗。
　② 全部材料放入已经煲滚的水中，继续用中火煲约2小时，以少许盐调味，即可食用。

功效：滋补肺肾、养阴止喘

灵芝煲乌龟 夏

材料

　　灵芝30克，乌龟1只，红枣10枚，调料适量。

做法

　① 红枣去核。乌龟放锅内，清水煮沸。
　② 捞出取肉，去内脏，切块略炒，与红枣、灵芝同入砂锅内煲汤，调料调味。

Tips

此汤适用于结核病、神经衰弱、高血脂症及肿瘤。

功效：滋补健身、养血安神

灵芝红枣瘦肉汤 夏

材料

　　瘦肉250克，灵芝15克，红枣20克，味精、盐适量。

做法

　① 灵芝洗净，切片。红枣去核洗净。瘦肉洗净，切块。
　② 全部材料同放入锅内，加清水适量，武火煮沸后，文火煮2小时，下盐调味即可。

功效：健脾养肝、补虚安神

灵芝炖乳鸽 夏

材料

　　灵芝30克，乳鸽1只，食盐、味精、生姜、葱、绍酒各适量。

做法

　① 将宰割好的乳鸽浸入热水中，除去毛和内脏，洗净，放入盅内，加水适量，再加入切成片的灵芝。
　② 将盛鸽和灵芝的盅放入锅内，隔水炖熟即成。

功效：补中益气

人参

介绍

又名黄精、地精、神草，被称为"百草之王"，是闻名遐迩的"东北三宝"（人参、貂皮、鹿茸）之一，能大补元气，为治虚劳第一要品，故常用于元气欲脱、神疲脉微之症。适宜身体虚弱者、气血不足者、气短者、贫血者、神经衰弱者。

性味

味甘、微苦，性微温，偏刚烈，入脾、肺二经，补脾益肺，生津养血。具有补气固脱、健脾益肺、宁心益智、养血生津的功效。

→ 营养成分

人参的主要成分是人参皂甙（Ginsenoside）。除人参皂甙外，人参还含有人参多糖、人参蛋白质、人参挥发油、氨基酸、无机元素、肽类物质、多种维生素、有机酸、生物碱、脂肪类、黄酮类、酶类、甾醇、核苷、木质素等物质。

→ 注意事项

实热证、湿热证及正气不虚者禁服。

→ 选购要点

以中间部分平直光滑、内紧、纹理清晰的为佳。由于每个人的性别、年龄、健康状况等条件不同，故在具体选购人参品种时也要因人而异。一般来说，红货类质量为好。

人参煲瘦肉

材料

鲜人参 50 克，瘦肉 250 克，姜 2 片，盐适量。

做法

① 先将瘦肉洗净，"飞水"。
② 把人参、瘦肉、姜片放入锅中，并加入适量清水，煲至滚后，改中火熬 1 小时左右。加盐调味，即可饮用。

功效：补中益气、健脾养肝、润肠暖胃、宁心安神

参茸炖鸡肉

材料

鸡肉 100 克，人参 10 克，鹿茸 3 克，盐适量。

做法

① 鸡肉洗净，去皮，切粒。人参、鹿茸分别洗净。
② 人参切片，与鹿茸片、鸡肉粒一齐放入炖盅内，加开水适量，炖盅加盖，文火隔水炖 2 小时，调味供用。

功效：大补元气、温肾壮阳

介绍	性味
植物党参和中药材的统称，又名防风党参、黄参、防党参、上党参、狮头参、中灵草、黄党。	性平，味甘，不温不燥，入脾肺二经，作用平和。补脾益肺，生津养血。

→ 营养成分

含有糖类、酚类、维生素 B_1 和 B_2，以及多种人体必需的氨基酸、黄芩素葡萄糖甙、皂甙及微量生物碱、微量元素等。补中益气，健脾益肺。多用于脾肺虚弱，气短心悸，食少便溏，虚喘咳嗽，内热消渴。

→ 注意事项

实证、热证禁服；正虚邪实证，不宜单独应用。气滞、肝火盛者禁用；邪盛而正不虚者不宜食用。

→ 选购要点

以根条肥大、质柔润、气味浓、嚼之无渣为佳。

党参生蚝瘦肉汤

材料

党参 50 克，生蚝肉 250 克，猪瘦肉 150 克，生姜 4 片。

做法

① 党参、生姜洗净略拍；生蚝肉洗净，放入滚水中略煮取出；猪瘦肉洗净，切大块。

② 全部用料放入锅内，加清水适量，武火煮沸后，改文火煲 1.5 小时，调味，饮汤食肉。

功效：滋阴补血、健脾开胃

党参排骨汤

材料

党参 30 克，淮山 15 克，薏米 30 克，排骨 200 克。

做法

① 排骨洗净，斩碎；党参洗净；淮山、薏米洗净，用清水浸 3 小时。

② 将用料一起放入砂煲里，加清水适量，旺火煮沸后，再改用文火煲 1.5 小时，调味即可。

功效：健脾、益肺、祛湿

党参麦冬瘦肉汤

材料

瘦肉 500 克，党参 100 克，生地、麦冬各 50 克，红枣 10 个。

做法

① 党参、生地、麦冬、红枣（去核）均洗净；瘦肉洗净，切块。

② 全部用料放入清水锅内，武火煮滚后，改文火煲 1 小时，加盐调味即可。

功效：增液润燥、养胃生津

党参猪肺汤

材料

猪肺 1 副，党参 25 克，紫灵芝 25 克，生姜 2 片，蜜枣 3 粒，盐适量。

做法

① 将猪肺喉部套入水龙头，灌入水令猪肺胀大充水。用手挤压令水出，反复多次。猪肺洗至白色，切块。其他材料分别洗净。

② 猪肺放入滚水锅中煮约 5 分钟，捞起沥干。

③ 煲中放适量水，猛火煲滚，然后放入全部材料，煲滚后改用中火续煲 3 小时，加盐调味即可。

功效：防治气管病、感冒伤风

介绍

又名海鼠、海瓜、刺参，是一种名贵海产动物，因补益作用类似人参而得名。海参肉质软嫩，营养丰富，同人参、燕窝、鱼翅齐名，是世界八大珍品之一。

性味

性平，味甘、咸，无毒。具有补肾、滋阴、养血、益精的功效，对于高血压、冠心病、动脉硬化都有比较好的预防作用。另外，海参还有补肾滋阴、养颜乌发的作用，可延缓衰老。

海参

→ 营养成分

海参含胆固醇低，脂肪含量相对少，是典型的高蛋白、低脂肪、低胆固醇食物。海参含有硫酸软骨素和微量元素钒，食用海参可起到保健的作用。

→ 注意事项

海参不宜与甘草、醋同食。患急性肠炎、菌痢、感冒、咳痰、气喘、大便溏薄、出血兼有瘀滞及湿邪阻滞的患者忌食。

→ 选购要点

皮质清晰，颜色自然，形体完整，干燥，腹中无沙者为佳。

海参鸡丝汤 （四季）

材料

鸡肉 150 克，海参 100 克，火腿肉 25 克，鸡汤 500 克，豆苗适量，油、生抽、味精、盐、酒各少许。

做法

① 先将海参浸水发好，然后洗净切丝，备用。鸡肉洗净切丝，用生抽、油、酒拌匀，备用。火腿肉切丝备用。豆苗洗净，滴干水分。

② 在锅内注入鸡汤，放入鸡肉，煮 5 分钟，再下海参丝、火腿丝，煮沸后加豆苗、生抽，再滚，加盐、味精调味即可。

功效：温中益气、补肾益精、滋阴降压、养血润燥

海参鸽蛋汤

材料

　　海参150克，鸽蛋10个，肉苁蓉20克，红枣6粒。

做法

　　① 鸽蛋洗净，放清水锅里煮熟，取出过冷河，去蛋壳。海参用清水发透，清洗干净。红枣去核洗净。
　　② 将用料一齐放入砂煲里，加清水适量，武火煮沸后，改用文火煲1小时，调味食用。

功效：补肾壮阳

海参枸杞子鸽蛋汤

材料

　　枸杞子20克，海参2只，鸽蛋12个，淮山30克，鸡汤一大碗。

做法

　　① 将海参用水泡发，清洗干净；鸽蛋煮熟去壳；枸杞子、淮山洗净。
　　② 海参、枸杞子、淮山、鸡汤一起放入锅中，加水适量，武火煮沸片刻，加入鸽蛋及食盐、胡椒面，稍煮即可。

功效：滋阴补肾、益精明目

介绍

金丝燕及多种同属燕类用唾液与绒羽等混合凝结所筑成的巢窝。燕窝洁白晶莹，富有弹性，附着于岩石峭壁的地方。历来有"稀世名药"、"东方珍品"之美称。

性味

性平，味甘，归肺、胃、肾三经。

→ 营养成分

含蛋白质，其中主要为精氨酸、胱氨酸、赖氨酸、糖类、钙、磷、钾、硫等成分。有养阴、润燥、益气、补中、养颜等五大功效。

→ 注意事项

1. 食用燕窝期间少吃辛辣油腻食物，因为燕窝含有较多的蛋白质，因此在吃燕窝时也要少吃酸性的东西，至少要避免同时吃。

2. 服用中西药期间都可吃燕窝，只是要避免同时吃，一般要隔开一两个小时。

3. 吃燕窝时不要抽烟或者少抽烟，同时要避免二手烟。

4. 吃燕窝要避免同时喝茶，因为茶叶里面含有茶酸，会破坏燕窝的营养，最好隔开 1 小时再喝。

5. 不满 4 个月的新生儿不能直接吸收燕窝的营养，不适合吃燕窝。4 个月以后可以食用。

→ 选购要点

纯正的燕窝为丝状结构，无论在浸透后或在灯光下观看，都不完全透明，而是半透明状，色泽通透带微黄，有光泽。优质的燕窝富含天然蛋白质，因此具有淡淡的天然蛋清味。燕窝浸水泡发 3 ~ 4 小时以后，平均可发大 5 ~ 6 倍，而品质优良的燕窝可发大 7 ~ 8 倍。

燕窝银耳汤

材料

　　燕窝 10 克，银耳 15 克，冰糖适量。

做法

　① 先把银耳用热水泡发，与温水泡过洗净的燕窝一并放入砂锅内。
　② 加冰糖和清水适量，以文火炖熟后服用。

功效：养阴润燥、益气补中、润肺生津

燕窝竹丝鸡汤

材料

　　竹丝鸡 1 只，燕窝 5 克，水 2000 毫升，冰糖 30 克。

做法

　① 竹丝鸡切好，斩块，"飞水"，洗净。
　② 燕窝用清水浸 6 小时，除去小毛及杂质，用筛沥干水分。
　③ 用武火煲滚水，加入竹丝鸡，再滚后转文火煲 1 小时，加入燕窝和冰糖，煲 30 分钟，即可饮用。

功效：润肤、养颜

燕窝鸡丝汤

材料

　　燕窝 100 克，鸡肉丝 100 克。

做法

　① 燕窝先洗干净、开水浸开，用盐油起锅，加水一汤碗。
　② 待水煮沸下燕窝、鸡肉丝，慢火煎 15 分钟，待熟，即成。

功效：养颜补肺

燕窝瘦肉汤

材料

　　瘦肉 600 克，燕窝 75 克，猪脊骨 50 克，盐、生抽适量。

做法

　① 燕窝用水浸开，拣净备用。瘦肉和猪骨洗净。
　② 将瘦肉和猪骨放沸水内，一同煲煮。
　③ 煲约 1.5 小时，捞起猪骨，放下燕窝同煲半小时，下盐、生抽调味。

功效：补血润肠、健脾开胃

红枣

介绍

又名大枣、干枣、枣子，富含蛋白质、脂肪、糖类、胡萝卜素、B族维生素、维生素C、维生素P以及钙、磷、铁和环磷酸腺苷等营养成分。其中维生素C的含量在果品中名列前茅，有"维生素王"之美称，具有补血养颜之功效。

性味

味甘，性平，入脾、胃经。有补益脾胃、滋养阴血、养心安神、缓和药性的功效。

营养成分

富含钙和铁，对防治骨质疏松及贫血有重要作用；富含维生素C，使体内多余的胆固醇转变为胆汁酸。红枣中还含有抑制癌细胞，甚至可使癌细胞向正常细胞转化的物质。

注意事项

有宿疾者应慎食，脾胃虚寒者不宜多食，牙病患者不宜食用，便秘患者应慎食，糖尿病患者慎食。

选购要点

优质红枣皮色紫红，颗粒大而均匀，果形短壮圆整，皮薄核小，皱纹少，痕迹浅，无破损或裂烂，肉质厚而细实，香而甜，口感很好，毫无杂味；采摘后捂红的枣色则略带褐色。

红枣白菜煲牛腱

材料

白菜1000克，红枣2粒，牛腱250克。

做法

① 白菜洗净。摘去老叶。红枣略洗。牛腱洗净后抹干。

② 煲中注入清水，猛火煲滚。放入全部材料，用慢火煲1.5小时，盐调味后即可饮用。

功效：清润解燥、通便解秽

红枣南北杏煲苹果

材料

红枣4粒，南北杏一汤匙，苹果6个。

做法

① 南北杏洗净。红枣略洗。苹果去皮去心，洗净后沥干水分，切块备用。

② 煲中注入适量清水，放入全部材料，猛火煲沸，再转慢火煲3小时，调味即可。

功效：清润止咳、养颜润肤

红枣百合猪肉汤

→ 材料

红枣 6 枚，百合 100 克，陈皮 1 角，猪肉 300 克。

→ 做法

① 百合、红枣、陈皮、猪肉分别洗净；用适量水，猛火煲至水滚。

② 加入全部材料，大火煲滚后，改小火煲约 1.5 小时，加盐调味即可饮用。

功效：滋润养颜、润肺生津、止咳理气

淮山

介绍

通称"山药"。一般在霜降前后收获，正好供入冬后至春节时食用。具有健脾补肺、益胃补肾、固肾益精、强筋骨、安神、延年益寿的功效。淮山是一种日常食物，可作蔬菜食用，干淮山入中药用，性质平和，多食无妨。

性味

味甘，性平，入肺、脾、肾经。微酸，无臭，不燥不腻。

→ 营养成分

含有丰富的蛋白质、碳水化合物、维生素以及钙、磷、铁、镁、钾、钠、氯等人体所需的营养物质，具有降血糖和降血脂的作用，对增强机体的免疫力、抗肿瘤细胞都有良好的作用。

→ 注意事项

山药有收涩的作用，大便燥结者、患感冒者及肠胃积滞者忌食山药。

→ 选购要点

表皮光洁、无异常斑点者为佳。横切面呈白色较新鲜。须毛越多的口感越好。稍重一点的为佳。

淮杞炖羊肉 冬

材料

净羊肉600克，淮山药50克，枸杞子15克，桂圆肉15克，马蹄200克，姜、葱各7.5克，绍酒15克，姜汁酒15克，精盐7.5克，味精7.5克，花生油25克。

做法

① 淮山药用清水浸过。枸杞子洗净。每个马蹄切成两半。把羊肉斩件，用沸水加姜、葱滚两次。将油放入锅内，加入羊肉炒匀，溅入姜汁酒炒透，再用沸水滚过。
② 将羊肉、马蹄、淮山药、枸杞子、桂圆肉放入汤锅内，加入开水1500克，炖3小时，放入绍酒、味精、精盐，即可食用。

功效：补益强身、补而不燥

淮山芡实牛百叶汤

→ 材料

牛百叶 400 克，瘦肉 150 克，干淮山、芡实各 10 克，姜 4 片，盐适量。

→ 做法

① 牛百叶洗净切细长条；瘦肉洗净、切块，与牛百叶一同"飞水"；淮山、芡实分别洗净；姜略拍。

② 砂锅内放入所有材料，加适量清水，先武火煲滚，改小火煲 2 小时，下盐调味。

功效：补虚益脾、养血润燥、益肺滋肾、除湿止带

Tips 牛百叶还可以和萝卜、陈皮熬汤，有清润化痰之功效。陈皮能理气化痰，醒脾健胃，不仅能去牛百叶之腥臊味，又能使萝卜清润肺燥、降气止咳而不凉。此汤尤其适合胃口不好者食用。

淮山柠檬乳鸽汤

材料

淮山 50 克，柠檬半个，生姜 1 片，乳鸽 1 只，排骨 250 克，盐少许。

做法

① 乳鸽、排骨分别洗净，斩件，放入滚水中滚 5 分钟，捞起。淮山浸透，洗干净。生姜洗干净去皮。柠檬洗干净，切片，去核。

② 瓦锅内加入清水，用猛火煲至水滚，然后放入淮山、生姜、乳鸽和排骨，候水再滚起，改用中火继续煲 1.5 小时，放入柠檬，滚 10 分钟，以少许盐调味，即可饮用。

功效：健脾和中

淮山玉竹煲白鸽

材料

淮山 30 克，玉竹 30 克，白鸽 1 只，陈皮少许，精盐适量。

做法

① 先将淮山、玉竹放入煲中，加入两汤碗清水，用猛火烧滚。

② 放入已洗净的白鸽和陈皮，改用慢火继续煲至仅剩下大半碗水时，用食盐调味即可饮用。

功效：调精益气、润肺滋肾

淮山百合鳗鱼汤

→ 材料

鳗鱼 1 条,淮山 30 克,百合 30 克,生姜 15 克。

→ 做法

① 鳗鱼宰杀后去肠杂,洗净;淮山、百合用清水浸渍 4 ~ 5 小时,洗净;生姜洗净略拍,切片。

② 将全部材料一起放入锅内,加适量清水,文火煲 1.5 小时,加盐调味,即可食用。

功效:健脾益肺、滋阴养血

介绍

又名香蕈、香信、香菌、冬菇，是一种生长在木材上的真菌类。由于味道鲜美，香气沁人，营养丰富，不但位列草菇、平菇、白蘑菇之上，而且素有"真菌皇后"之誉。有提高机体免疫功能、延缓衰老、防癌抗癌、降血压、降胆固醇、降血脂的作用，又可预防动脉硬化、肝硬化等疾病。

性味

味甘，性平、凉，归胃经。有补肝肾、健脾胃、益智安神、美容颜之功效。主治食欲减退，少气乏力。

→ 营养成分

香菇具有高蛋白、低脂肪、多糖、多种氨基酸和多种维生素的营养特点。由于香菇中含有一般食品中罕见的伞菌氨酸、口蘑酸等，故味道特别鲜美。

→ 注意事项

脾胃寒湿气滞或皮肤瘙痒病患者忌食。痛风和其他原因造成的高尿酸血症者忌食。

→ 选购要点

挑选香菇首先应当鉴别其香味如何，可用手指压住菇伞，然后边放松边闻，以香味醇正的为上品。伞背以呈黄色或白色为佳，呈茶褐色或掺杂黑色则为次。

香菇炖鸽汤

材料

老鸽 2 只，冬菇 50 克，姜 1 片。

做法

① 将冬菇浸软去蒂，沥干水，加少许糖、盐、酒、油捞匀。另将老鸽宰杀好，去脚，洗净，放入滚水中煮 5 分钟，取出洗净。

② 将老鸽、姜片放入炖盅内，加适量滚水，盖好，炖 2 小时，加入冬菇，再炖 1 小时，撇去汤面的油，以盐调味，即可食用。

功效：调气健脾

香菇土鸡汤

材料

香菇 5 朵，香葱 10 克，姜片 10 克，土鸡 500 克，枸杞适量，盐 5 克。

做法

① 把土鸡洗净，切成大小适中的块，将鸡尾尖和翅尖弃掉不用，土鸡块放入沸水中，煮 1 分钟后捞出，洗净血沫。香菇泡开去蒂，清洗干净。香葱切末备用。

② 锅中放八成满的水，放入土鸡块、香菇、姜片、枸杞，先用大火煮开，再转小火煮 1.5 小时。

Tips

出锅时放香葱末，根据自己口味放盐调味。为了使汤汁更加醇美，熬煮过程中不要打开盖，也不要加水。

功效：补肾强身

花生

介绍

又名落花生、长生果、地豆。有醒脾和胃、润肺化痰、滋养肺气、清咽止咳的功效。主治营养不良，对食少体弱、燥咳少痰、咯血、牙齿出血、皮肤紫斑、脚气、产妇乳少、冠心病，预防肠癌也有显著作用。

性味

味甘，性平，入脾、肺经。有健脾和胃、利肾去水、理气通乳、治诸血症的功效。

→ **营养成分**

含有蛋白质、脂肪、糖类、维生素 A、维生素 B_6、维生素 E、维生素 K，以及矿物质钙、磷、铁等营养成分，可提供 8 种人体所需的氨基酸及不饱和脂肪酸，含卵磷脂、胆碱、胡萝卜素、粗纤维等有利于人体健康的物质，营养价值不低于牛奶、鸡蛋或瘦肉。

→ **注意事项**

胆囊切除者、消化不良者、高脂血症患者、跌打瘀肿者忌食。油炸、生食均不可取。

→ **选购要点**

优质花生果仁色泽分布均匀一致，颗粒饱满、形态完整、大小均匀，叶子肥厚而有光泽，无杂质。优质花生果荚呈土黄色或白色，果仁具有花生特有的气味。劣质花生果荚灰暗或黯黑，果仁呈紫红色、棕褐色或黑褐色，有霉味、哈喇味等不良气味。

花生蜜饯汤 ④四季

材料

蜜枣 100 克，花生仁 100 克，蜂蜜 200 克，水适量。

做法

① 温水浸泡花生去除杂质后，放锅中加适量水，小火煮到熟软，再加蜂蜜，至汁液黏稠停火。

② 煮花生仁、蜜枣 30 分钟，出锅。

功效：滋补气血、提亮气色

莲子

介绍

即睡莲科水生草本植物莲的种子。又称莲实、莲米、莲肉、白莲子、建莲子、湘莲子、石莲肉。呈椭圆形、卵形或卵圆形，其大小因品种而异。具有补脾止泻、益肾固精、养心安神等作用，常被用作制冰糖莲子汤、银耳莲子羹和八宝粥。

性味

性平，味甘、苦，无毒。归心、脾、肾、胃、肝、膀胱经。

→ 营养成分

含有丰富的钙、磷和钾元素，每公斤莲子中含有蛋白质81.3克，脂肪9.8克，糖304毫克，钙436毫克，磷1.397毫克，铁31.4毫克，还含有其他多种维生素、微量元素、荷叶碱、金丝草甙等物质，除可以构成骨骼和牙齿的成分外，还有促进凝血，使某些酶活化，维持神经传导性，镇静神经，维持肌肉的伸缩性和心跳的节律等作用。

→ 注意事项

腹满痞胀、大便燥者勿食。

→ 选购要点

优质莲子其形状、颜色都是莲子的本色，莲子呈自然白色，即色白稍带微黄，白中带黄，莲子身上还有一点自然的皱皮。优质莲子外观上有一点自然的皱皮或残留的红皮，劣质莲子刀痕处有膨胀。优质莲子的孔较小，劣质莲子的孔较大。手工和磨皮莲子的孔比较小，而用药水泡过的莲孔比较大。

莲子珧柱瘦肉汤

材料

瘦肉150克，江珧柱40克，莲子50克。

做法

① 先将瘦肉洗净，切件；珧柱洗净，浸软、撕碎；莲子去心、洗净，清水浸半小时。

② 再将全部材料放入锅内，加适量清水，武火煮沸后改文火煲1.5小时，调味供用。

功效：祛脂养颜

鲜莲洋参消暑汤 夏

材料

花旗参 20 克，藿山石斛 10 克，新鲜莲子 20 粒，新鲜莲叶 1 块，瘦肉 250 克，陈皮 1 小块。

做法

① 先将花旗参切片，藿山石斛、莲叶分别洗净。鲜莲子去心，用清水浸透。陈皮浸软，刮瓤，洗净。将瘦肉洗净放入滚水中煮 5 分钟，取出再洗净。
② 在瓦煲内加入适量的清水煲滚，然后放入全部材料，再煲滚，改用中火继续煲 2 小时，放盐调味即可。

功效：清热消暑、润肺益气

莲子猪心汤 夏

材料

猪心 1 个，莲子 60 克，太子参 30 克，桂圆肉 15 克。

做法

① 猪心、莲子（去心）、太子参、桂圆肉洗净。
② 将全部用料放入煲内，加清水适量，武火煮沸后，文火煲 2 小时，调味供用。

功效：补心健脾、养心安神

莲子芡实猪尾汤 夏

材料

莲子 100 克，芡实 50 克，红枣 6 粒，猪尾 1 条（含尾龙骨，重约 500 克），果皮少许。

做法

① 猪尾斩块，出水过冷河；莲子开边取去莲心浸 2 小时；红枣去核；芡实洗净浸 3 小时；果皮浸软刮去囊洗净。
② 放入适量水煲滚，放入以上汤料慢火煲 2 小时，下盐调味。

功效：健脾祛湿

莲子腐竹肉汤 夏

材料

半肥半瘦猪肉 500 克，腐竹、莲子各 50 克，芡实 25 克，无花果 6 枚。

做法

① 猪肉用沸水煮 3 分钟，用冷水漂洗干净后切成大块。腐竹用温水浸软后洗净。莲子、芡实、无花果分别淘洗干净，莲子、芡实浸 3 小时。
② 煲内注入 3000 克清水，煮沸后将全部用料倒进煲内，先用大火煲 30 分钟，再用中火煲 60 分钟，后用小火煲 90 分钟。煲好后，取出汤渣，放盐调味，咸淡随意。

功效：补血滋阴、清热润脏

147

无花果

介绍

又称天生子、文仙果、密果、奶浆果。原产欧洲地中海沿岸和中亚，西汉引入中国。无花果具有很高的营养价值。

性味

味甘，性平，无毒，归肝、脾、胃、大肠经。主开胃，止泄痢，治五痔、咽喉痛。

→ ### 营养成分

富含糖、蛋白质、氨基酸、维生素和矿物元素。无花果含有苹果酸、柠檬酸、脂肪酶、蛋白酶、水解酶等，能帮助人体对食物的消化。

→ ### 注意事项

脑血管意外、脂肪肝、正常血钾性周期性麻痹等患者不宜食用。大便溏薄者不宜生食。脾胃虚寒者宜多食。

→ ### 选购要点

个大、饱满，水分多者为佳。尽量挑选颜色较深的，这样的果实才熟透了，口感上更甜。可以轻捏果实表面，挑选较为柔软的。勿选购尾部开口较大的无花果，因开口较大者难免会沾染到空气中的灰尘和细菌，不太卫生。

无花果雪耳鹌鹑汤　

材料

无花果 4 个，雪耳 25 克，南杏仁 25 克，北杏仁 25 克，生姜 1 片，鹌鹑 2 只。

做法

① 先将雪耳用清水浸透发开，漂洗干净；无花果用清水洗干净，切开边；南杏仁、北杏仁分别去衣、洗净；生姜洗净，刮去姜皮，略拍；鹌鹑剖洗干净，去内脏。
② 将瓦煲内适量清水煲滚，放入以上材料，候水再次滚起，以小火煲 1.5 小时，以少许盐调味，即可佐膳饮用。

功效：润燥滋补、健脾理气、化痰止咳

无花果杏仁汤 秋

材料

    无花果 15 粒，南北杏 30 克，蜜枣 5 粒，瘦肉 400 克。

做法

    ① 材料洗净。蜜枣去核。瘦肉洗净，切块。

    ② 清水 6 碗，与材料一起放入煲内，煮约 2 小时，调味即成。

Tips

无花果能清热，对呼吸系统疾病有显著疗效。

功效：祛痰止咳

无花果太子参瘦肉汤 秋

材料

    太子参 50 克，无花果 100 克，瘦肉 250 克，蜜枣 5 个。

做法

    ① 将太子参稍洗。无花果洗净切片。瘦肉洗净。

    ② 用锅备水 7 碗，将太子参、无花果、瘦肉、蜜枣放入锅内，煲 2 小时左右，汤成加盐调味即可食用。

功效：滋阴润肺、养胃生津

赤小豆

介绍

又名赤豆、红饭豆、饭豆、蛋白豆、赤山豆，是豆科植物赤豆的种子。常用来做成豆沙作为馅料，美味可口。赤小豆是生活中不可缺少的高营养、多功能的杂粮。

性味

性平，味甘、酸，入心、小肠经，能清热退黄、利水消肿、解毒排脓。

→ 营养成分

赤小豆富含蛋白质、脂肪、碳水化合物、粗纤维和钙、磷、铁、铜等矿物质，并含有维生素 B_1、维生素 B_2、烟酸等营养成分。

→ 注意事项

尿多之人不宜食用赤小豆。赤小豆煮汁过久食之令人黑瘦结燥；阴虚而无湿热者忌食赤小豆；被蛇咬者百日内忌食赤小豆。

→ 选购要点

均匀、饱满、暗红色、稍带光泽者为佳。

赤小豆粉葛蜜枣猪横脷汤 〔春〕

材料

赤小豆 50 克，粉葛 750 克，蜜枣 6 个，猪横脷 2 条，猪瘦肉 250 克，生姜 3 片。

做法

① 赤小豆洗净，用清水浸 3 小时。蜜枣略洗。粉葛去皮、洗净切片。猪横脷洗净，刮去油脂，"飞水"；猪瘦肉洗净，不用刀切。

② 一起与生姜放进瓦煲内，加入清水 3000 毫升（约 12 碗水），武火煲沸后改文火煲 2 小时，调入适量盐便可。

功效：利水、除烦、养颜

赤小豆粟米须生鱼汤 夏

材料

赤小豆 150 克，粟米须 50 克，生鱼 1～2 条（约 500 克），生姜 3 片。

做法

① 赤小豆洗净，用清水浸 3 小时；粟米须洗净，稍浸泡；生鱼宰净，晾干。
② 用姜丝少许起锅，将生鱼放进油锅内慢火煎至微黄。
③ 将赤小豆、粟米须和生姜放进瓦煲内，加入清水 2500 毫升（约 10 碗水量），武火煲沸后，再加入生鱼滚后，改为文火煲约 1.5 小时，调入适量盐便可。

功效：健脾开胃、利水祛湿

赤小豆红枣汤 夏

材料

赤小豆 250 克，红枣 20 个，红糖适量。

做法

① 先将赤小豆洗净，用清水浸 3 小时；红枣洗净去核，备用。
② 倒适量清水于煲内，先煲赤小豆，待赤小豆煲至裂开时，再加入红枣，慢火继续煲至赤小豆熟烂，放入红糖调味即可饮用。

功效：清热解毒、清凉解渴、益气生津、健脾和胃

（蔬果类）

南瓜

介绍	性味
又称番瓜、金瓜，味道甘甜可口，亦可常用于煲汤、爆炒或清蒸。	性温，味甘，有消炎止痛、解毒驱虫、补中益气、益脾暖胃的功效。

→ 营养成分

南瓜营养丰富，含淀粉质、纤维素、类胡萝卜素、叶黄素、镁、钾等。

→ 注意事项

由于南瓜含丰富钾质，肾功能较弱人士以及尿毒症、黄疸型肝炎、脚气病患者皆不宜食用。

→ 选购要点

选择南瓜以圆大重身、无裂痕、表皮完整且呈金黄色为佳。

南瓜鲫鱼汤　秋

材料

南瓜 500 克，鲫鱼 1 条，猪瘦肉 100 克，南北杏 1 汤匙，红枣 3 粒，姜 2 片，水 3000 毫升，盐适量。

做法

① 鲫鱼宰好，洗净，抹干水分；姜洗净。

② 烧热锅，用油爆香姜，加入鲫鱼，煎至两面呈金黄色，盛起。猪瘦肉洗净，切块，"飞水"。南瓜去皮、去籽，切大件；南北杏、红枣洗净。

③ 用武火煲滚水，加入处理好的材料，再滚后转文火煲 2 小时，下盐调味。

功效：益气补脾、润肺止咳

南瓜红枣汤　秋

材料

南瓜 1 个，红枣（去核）60 克，南杏 30 克，北杏 10 克，水 2000 毫升，生抽、盐适量。

做法

① 南瓜洗净，去皮，去籽，切成块状。

② 红枣、南杏、北杏洗净，煲中放入水，水滚后加入处理好的材料，文火煲约 2 小时后，下盐、生抽调味。

功效：益气养血

金银百合南瓜排骨汤

材料

南瓜、排骨各 600 克，干百合 40 克，鲜百合 120 克，红枣（去核）5 粒，水 2000 毫升，生抽、盐适量。

做法

① 将干百合、红枣洗净。鲜百合洗净，撕成一瓣瓣。南瓜去皮，去瓤，洗净，切块。排骨斩件，洗净，"飞水"。
② 将干百合、排骨及红枣加入水煲滚，再以文火煲约 1 小时。
③ 放入南瓜煲 20 分钟至熟，加入鲜百合，以武火滚 2 分钟，下盐、生抽调味即可。

功效：补肾壮骨、滋阴养血

百合栗子南瓜汤

材料

南瓜 600 克，栗子肉、鲜百合各 100 克，干百合 40 克，栗米 1 条，红枣 10 粒，水 2000 毫升，生抽、盐适量。

做法

① 所有材料洗净。南瓜去皮，去籽，切成块状。栗米切断。红枣去核。
② 用武火煲滚清水，加入栗子、干百合、栗米和红枣，煲 15 分钟，转文火煲 1 小时，加入其他材料，再煲 30 分钟，下盐、生抽调味。

功效：健脾补肾、润肺安神

南瓜雪梨栗米汤

材料

南瓜 600 克，瘦肉 300 克，雪梨 3 个，栗米 2 条，水 2000 毫升，生抽、盐适量。

做法

① 所有材料洗净。瘦肉洗净，"飞水"。
② 南瓜洗净，去皮，去籽，切成块状。雪梨去心，切块。栗米切断。
③ 用武火煲滚清水，加入所有材料，再滚后转文火煲 2 小时，下盐、生抽调味。

功效：健脾益气、润肺和胃

花生南瓜排骨汤

材料

花生仁 100 克，南瓜 200 克，排骨 300 克，水 2000 毫升，生抽、盐适量。

做法

① 材料洗净，沥干水分。
② 花生仁以水浸 1 小时。南瓜去皮、去瓤，切块。排骨斩件，"飞水"。
③ 煲内加水，用武火煲滚，加入处理好的材料，再滚后转文火煲 2 小时，下盐、生抽调味。

功效：健脾和胃、补肾壮骨

冬瓜

介绍

又称白瓜、枕瓜、濮瓜、白冬瓜、东瓜。果实球形或长圆柱形，表面有毛和白粉，是普通蔬菜。皮和种子可入药。产于夏季。因瓜熟之际，表面上有一层白粉状的东西，犹如冬天所结的白霜，故称为"冬瓜"，又称"白瓜"。

性味

性微寒，味甘淡，无毒，入肺、大小肠、膀胱三经。能清肺热化痰、清胃热除烦止渴，甘淡渗痢，去湿解暑，有利小便、消除水肿之功效。

→ 营养成分

冬瓜包括果肉、瓤和籽，含有丰富的的蛋白质、碳水化合物、维生素以及矿质元素等营养成分。

→ 注意事项

冬瓜性寒凉，不宜生食。脾胃虚弱、肾脏虚寒、久病滑泄、阳虚肢冷者忌食。

→ 选购要点

黑皮冬瓜肉厚，可食率较高；白皮冬瓜肉薄、质松、易入味；青皮冬瓜则介于二者之间，挑选时可以根据自己的需要选择。冬瓜的外表如炮弹般的长棒形，以瓜条匀称、表皮有一层粉末、不软、不腐烂、无伤斑的为佳。一般以瓜体重的冬瓜质量较好，瓜身较轻的可能已变质。

传统三冬鸭汤

材料

老鸭 1 只，瘦肉 200 克，冬瓜 13 斤，虫草花 50 克，生姜 3 片，果皮 1 个，冬笋 150 克，冬菇 10 只，盐适量。

做法

① 老鸭洗净斩大件，瘦肉洗净切大方丁粒，冬瓜洗净斩大件（连皮留皮均可），虫草花、果皮、冬菇先浸发。
② 煲时一半冬瓜放底，其他材料放中间，上面再放剩余冬瓜，煲 3 小时以上，调味便可。

功效：养肺滋阴

冬瓜金针菇瘦肉汤

材料

冬瓜 400 克，金针菇 150 克，瘦肉 150 克，水 1200 毫升，盐适量。

做法

① 所有材料洗净。冬瓜连皮切块。金菇切去根部。瘦肉"飞水"，洗净。
② 煲内放水，用武火煲滚，加入其他材料（盐除外），再滚后转文火煲 2 小时，下盐调味即可。

功效：清热解暑、健脾益气

薏米冬瓜鸭汤

材料

薏米 50 克，冬瓜 750 克，光鸭 1 只，姜 1 块，水 2000 毫升，盐适量。

做法

① 光鸭斩件，"飞水"，洗净。
② 冬瓜去瓤，洗净，连皮切成大块。薏米洗净，用清水浸 3 小时。姜片洗净，略拍。
③ 将所有材料加入煲内，放入水，武火煲滚，转文火煲 2 小时，下盐即可。

功效：健胃补虚、解暑祛湿

冬瓜扁豆薏米汤　　夏

材料

　　冬瓜 750 克，炒白扁豆、生薏米各 20 克，赤小豆 15 克，莲蓬 1 个，鲜荷叶半张，盐适量。

做法

　　① 冬瓜去瓢、籽，洗净连皮切大块。扁豆、薏米、赤小豆分别洗净，用清水浸泡 3 小时。莲蓬、荷叶分别洗净，荷叶撕成小块。
　　② 将所有材料同放入汤煲内，加适量清水，先大火烧沸，改小火煲 2 小时。

Tips

小儿口干烦渴，小便短黄，饮用此汤有清热利尿的作用。暑天常饮，可预防中暑，少生热痱、疥疮。此汤亦可作为暑热病的辅助食疗。

功效：清热解暑、健脾祛湿

淡菜冬瓜陈皮鸭汤　　夏

材料

　　淡菜、薏米各 80 克，冬瓜 600 克，陈皮 1 角，光鸭 1 只，水 2000 毫升，盐适量。

做法

　　① 淡菜浸软，洗净；冬瓜连皮洗净，切块。
　　② 薏米洗净浸 3 小时，陈皮洗净，浸软，去瓢。光鸭洗净，汆水 10 分钟，冲净。
　　③ 将所有材料放入煲中，加水煮滚后文火煲 2 小时，撇去浮油，下盐调味即可。

功效：健胃补肾、解暑祛湿

冬瓜罗汉果瘦肉汤　　夏

材料

　　冬瓜 600 克，瘦肉 250 克，罗汉果半个，桂圆肉 20 克，水 1500 毫升，盐适量。

做法

　　① 冬瓜洗净，连皮切大块。罗汉果取囊。桂圆肉洗净。瘦肉洗净"飞水"。
　　② 放水于煲内，加入瘦肉、桂圆肉、罗汉果及冬瓜，滚后改以文火煲约 2 小时，下盐调味即可。

功效：清热解暑、养血润肺

丝瓜

介绍	性味
即葫芦科丝瓜的果实,味道清新,适用于爆炒、煲汤、焖煮等烹调方法。	性凉,味甘,入肝、胃经,有清热化痰、凉血解毒、润肌美容、通经络、行血脉、下乳汁、调理月经不顺等功效,还能用于治疗热病身热烦渴、痰喘咳嗽、肠风痔漏、崩漏、带下、血淋、疔疮痈肿、妇女乳汁不下等病症。

→ 营养成分

含有丰富的纤维素、类胡萝卜素、维生素B、维生素C等,适量进食能防止皮肤老化、保护皮肤、消除斑块,使皮肤洁白、细嫩,有利于小儿大脑发育及中老年人大脑健康、抗坏血病、抗病毒、抗过敏。

→ 注意事项

易腹泻者及孕妇慎食。丝瓜不宜生吃,可烹食,煎汤服;丝瓜汁水丰富,宜现切现做,以免营养成分随汁水流走。烹制丝瓜时应注意尽量保持清淡,油要少用,用味精或胡椒粉提味,这样才能显示丝瓜香嫩爽口的特点。丝瓜味道清甜,烹煮时不宜加酱油和豆瓣酱等口味较重的酱料,以免抢味。

→ 选购要点

表皮光亮、茸毛细致、棱角明显、瓜身结实、重量适度者为佳。

丝瓜绿豆汤   夏

材料

丝瓜1条,绿豆50克,瘦肉150克,蜜枣3粒,盐适量。

做法

① 材料洗净,沥干水分。

② 丝瓜去皮(保留部分皮),切片;绿豆浸1小时。瘦肉切件,"飞水"。

③ 煲内加水,用武火煲滚,加入绿豆、瘦肉及蜜枣,再滚后转文火煲40分钟,最后放丝瓜再煲20分钟,下盐、调味即可。

功效:清热解毒、健脾益气

丝瓜豆腐鱼头汤　　　　　　　　　夏

材料

　　丝瓜2条，生姜1片，精盐少许，豆腐2件，大鱼头1个。

做法

　① 鱼头斩件，用清水洗去血污，再以姜、油起锅，将大鱼头煎透，铲起，备用。丝瓜去皮，用清水洗净，切角片。豆腐用清水洗净，沥干水分。生姜用清水洗干净，刮去姜皮，备用。

　② 瓦煲内加入适量清水，先用猛火煲至水滚。

　③ 放入全部材料，待水再滚起，改用中火继续煲至丝瓜、大鱼头熟透，以少许精盐调味，即可以佐膳饮用。

Tips

丝瓜中维生素 B 等含量高，有利于小孩大脑发育及中老年人大脑健康。

功效：清热消暑、生津解渴、利尿去湿

丝瓜皮蛋豆腐汤　　　　　　夏

材料

　　丝瓜1条，豆腐1块，皮蛋2个，清水1000毫升，鸡精、胡椒粉少许，盐2小勺，油适量。

做法

　① 丝瓜去皮，切块。豆腐切块。皮蛋剥壳，切块。

　② 倒少量油入锅，大火烧至八成热时，下入丝瓜爆炒。炒至丝瓜变软时，加入清水、盐，和匀。

　③ 下入皮蛋、豆腐，加热至沸腾时转小火，再煮2分钟左右，加鸡精、胡椒粉调味，搅拌均匀即可关火。

功效：清热泻火、开胃生津

丝瓜豆腐汤　　　　　　夏

材料

　　丝瓜250克，豆腐250克，盐3克，植物油25克。

做法

　① 将丝瓜洗净，切块。嫩豆腐洗净，切块备用。

　② 在锅内放入植物油，烧热，下丝瓜煸炒片刻加适量清水煮沸。

　③ 开锅后，下嫩豆腐再煮沸片刻，调味即可。

功效：清热解暑、利肺祛痰

黄瓜

介绍

也称胡瓜、青瓜、王瓜、刺瓜，属葫芦科植物。汉朝张骞出使西域时带回中原，称"胡瓜"，后赵时期更名为"黄瓜"。黄瓜有清热、解渴、利水、消肿之功效。黄瓜肉质脆嫩，汁多味甘，生食生津解渴，且有特殊芳香。

性味

性凉，味甘、甜，无毒，入脾、胃、大肠经。

→ 营养成分

含水分为 98%，富含蛋白质、钙、磷、铁、钾、胡萝卜素、维生素 B_2、维生素 C、维生素 E 及烟酸等营养素。

→ 注意事项

不宜弃汁制馅食用。不宜加碱或高热煮后食用。不宜和辣椒、菠菜、西红柿、花菜、小白菜、柑橘同食。不宜与花生搭配，否则易引起腹泻。不宜与辣椒、芹菜搭配，否则维生素 C 会被破坏。寒痰、胃冷者不宜食用，否则易导致腹痛吐泻。肝病、心血管病、肠胃病以及高血压的人都勿吃腌黄瓜。

→ 选购要点

通常带刺、挂白霜的瓜为新摘的鲜瓜；鲜绿、有纵棱的是嫩瓜。条直、粗细均匀的瓜肉质好；瓜条肚大、尖头、细脖的畸形瓜，是发育不良或存放时间较长而变老；黄色或近似黄色的瓜为老瓜。

皮蛋黄瓜汤 夏

材料

　　黄瓜 1 条，皮蛋 2 个，鸡精 3 克，姜
1 小块，油、食盐适量。

做法

　　① 皮蛋剥壳后切八瓣。将黄瓜切成细
片。
　　② 将皮蛋放入油中煎炸片刻。煎好后
加水，剔除浮沫，放黄瓜块。
　　③ 最后放入鸡精、盐、少许香油即可。

Tips

　　少儿、脾阳不足、寒湿下痢者、心血管病、
肝肾疾病患者少食。

功效：清凉降压、养阴止血

黄瓜虾米鸡蛋汤 夏

材料

　　黄瓜 800 克，虾米 15 克，鸡蛋 50 克，
盐 4 克，香油 1 克，胡椒粉 1 克，味
精 1 克。

做法

　　① 黄瓜洗净，切成片。
　　② 鸡蛋打散。锅放在火上，加入清汤、
虾米后煮沸，放入黄瓜片，稍煮片刻。
　　③ 加入精盐、味精，淋入鸡蛋液，洒
上胡椒粉和香油即可。

Tips

　　煮的时候不要盖锅盖，不然黄瓜会变黄。

功效：清热去火、益智补脑

紫菜黄瓜汤 夏

材料

　　黄瓜 150 克，紫菜 15 克，海米、味精、
生抽、盐、香油适量。

做法

　　① 先将黄瓜洗净切成菱形片状，紫菜、
海米亦洗净。
　　② 锅内加入清汤，烧沸后，投入黄瓜、
海米、盐、生抽，煮沸后撇浮沫，下
入紫菜，淋上香油，撒入味精，调匀
即成。

Tips

　　此汤适用于妇女更年期肾虚烦热之患者食之。

功效：清热益肾

黄瓜木耳汤 夏

材料

　　黄瓜 250 克，干木耳 20 克，味精 2 克，
盐 3 克，香油 5 克。

做法

　　① 黄瓜削去皮，开出瓜瓤，切厚块；
木耳用温水浸发洗净，摘去硬蒂，沥去
水分。
　　② 烧热锅下少许油爆木耳。
　　③ 加适量水和少许酱油烧滚，然后倒
入黄瓜；黄瓜滚至够熟时，以味精、盐、
香油调味即可。

Tips

　　木耳不宜与田螺同食，从食物药性来说，寒
性的田螺遇上滑利的木耳是不利于消化的，
因此二者不宜同食。患有痔疮者木耳与野鸡
不宜同食，野鸡有小毒，二者同食易诱发痔
疮出血。木耳不宜与野鸭同食，野鸭味甘、性凉，
同时易消化不良。

功效：美容养颜、减肥瘦身

木瓜

介绍

别名楔楂、木李，是木瓜树结出的果实，可食用，也可药用，用途广泛。木瓜有两大类：光皮木瓜与热带水果番木瓜。番木瓜是食用的，光皮木瓜是药用，番木瓜主要产于云南、广西，光皮药用木瓜产于安徽、山东、河南等地。木瓜性平味甘，具有清心润肺、健胃益脾、消暑解渴的功效。

性味

性平、微寒，味甘；归肝、脾经。

→ 营养成分

木瓜中含有大量水分、碳水化合物、蛋白质、脂肪、多种维生素及多种人体必需的氨基酸，可有效补充人体的养分，增强机体的抵抗能力。另外，木瓜含大量丰富的胡萝卜素、维生素C、蛋白质，可促进人体新陈代谢，美容养颜，延缓衰老。此外，木瓜还含有丰富的木瓜酶，可以促进乳腺发育；凝乳酶能刺激女性荷尔蒙分泌，刺激卵巢分泌雌激素，使乳腺畅通，达到丰满的效果。

→ 注意事项

不适宜孕妇、过敏体质人群。小便淋涩疼痛患者忌食。不宜多食，以防骨头变软。不可与鳗鲡同食，忌铁铅器皿。

→ 选购要点

短椭圆、形稍胖者为公瓜，长椭圆形的则为母瓜，公瓜核少、肉厚、糖分多，母瓜核多、肉薄、汁水少、糖分少，所以挑选木瓜时应选公瓜。熟木瓜体型胖，用手指轻按有柔软感觉，汁水多。

牛奶木瓜汤 夏

材料

鲜牛奶500毫升，木瓜1个，白砂糖适量。

做法

① 木瓜洗净，去皮、籽，切细丝。
② 木瓜丝放入锅内，加水、白砂糖熬煮至木瓜熟烂。
③ 注入鲜奶调匀，再煮至汤微沸即可。

功效：生津润肠、养颜美白

木瓜排骨汤 夏

材料

　　猪排骨 500 克，木瓜半个，食盐、醋、葱、姜、料酒适量。

做法

① 木瓜洗净，去皮、籽，切大块。
② 砂锅中放入姜丝、料酒，然后放入排骨，待水开后撇去浮沫，煮 3 分钟捞出排骨，用热水冲净。
③ 砂锅中放水，放入排骨、葱、姜、料酒、少许醋，大火煮开，转小火继续煲 1.5 小时。
④ 放入木瓜块，继续煲 30 分钟，加少许盐调味即可。

功效：养颜美白

红枣银耳木瓜汤 夏

材料

　　木瓜 1 个，银耳 1 朵，红枣 8 粒，冰糖适量。

做法

① 木瓜去皮切块。
② 银耳提前泡发，洗净去蒂，撕成小朵。
③ 红枣提前泡一会清洗干净。
④ 将所有材料放入锅内，大火烧开后转小火煮 30 分钟至 1 小时，关火前 10 分钟放入冰糖即可。

功效：养颜美白、抗癌防老

红酒木瓜汤 夏

材料

　　木瓜半个，红酒 100ml，蜂蜜少量。

做法

① 木瓜洗净、去皮、去籽，切小块。
② 将木瓜块放入搅拌机，加入 15ml 清水，搅成木瓜糊。
③ 放入少许蜂蜜，搅拌均匀。加入红酒，搅匀，表面撒少许木瓜粒即可。

功效：丰胸催乳、润滑肌肤

木瓜花生大枣汤 夏

材料

　　木瓜半个，花生仁 200 克，红枣 5 颗，冰糖各适量。

做法

① 木瓜去皮、核，切成小块。
② 将木瓜、花生仁、大枣和适量清水放入煲内。
③ 待水滚以后改用文火煲 1 小时左右，再放入冰糖煮至融化即可。

功效：催乳润肤

雪梨

介绍	性味
肉质嫩白如雪，故称"雪梨"。有润肺清燥、止咳化痰、养血生肌的作用。	性寒，味甘，入肺经，有清热、化痰、止咳的作用。

→ 营养成分

富含苹果酸、柠檬酸、维生素 B_1、维生素 B_2、维生素 C、胡萝卜素等，具有生津润燥、清热化痰之功效，尤其适合秋季食用。

→ 注意事项

梨性偏寒助湿，故脾胃虚寒、畏冷食者不宜多食。梨含果酸较多，胃酸多者不宜多食。梨有利尿作用，夜尿频者，睡前应少吃。血虚、畏寒、腹泻、手脚发凉患者不宜多食，最好煮熟再吃，以防湿寒症状加重。梨含糖量高，糖尿病者不宜多食。梨含果酸多，不宜与碱性药同用，如氨茶碱、小苏打等。梨不应与螃蟹同吃，以防引起腹泻。

→ 选购要点

"雄梨"肉质粗硬，水分较少，甜性也较差；"雌梨"肉嫩、甜脆、水多。雄梨外形上小下大像个高脚馒头，花脐处有二次凸凹形，外表没有锈斑。雌梨则近似等腰三角形，花脐处只有一个很深且带有锈斑的凹形坑。买梨选雌梨为佳。

冰糖川贝炖雪梨　　秋

材料

梨子 1 个，川贝 5 克，冰糖适量。

做法

① 梨洗净，去皮，去核，顶部削去四分之一。
② 挖走雪梨内核，清理干净后放入冰糖和川贝粉。
③ 将装载了冰糖和川贝粉的雪梨放入煲内，加适量清水。慢火炖 1 小时，如用高压锅可适当缩短时间。

Tips

挖去梨核时注意不要挖透底部。

功效：化痰止咳、清热散结

冰糖银耳炖雪梨　　秋

材料

雪梨 1 个，银耳 2 朵，冰糖 6 块。

做法

① 银耳用冷水泡软，洗干净，去硬蒂，撕小块。
② 把银耳、冰糖加水放入锅中，大火煮开后转小火炖 50 分钟，银耳软化浓稠即可。
③ 雪梨去皮切成小块，加入②中，继续小火煮 30 分钟即可。

功效：清热润肺，清凉止咳

【水产类】

鲍鱼

又名九孔鲍、镜面鱼、鳆鱼。鲍鱼是一种原始的海洋贝类，单壳软体动物，只有半面外壳，壳坚厚，扁而宽。鲍鱼是中国传统的名贵食材，四大海味之首。鲍壳是著名的中药材——石决明，有明目的功效，被称为"海味之冠"。鲍鱼名为鱼，实则不是鱼，而是属于腹足纲、鲍科的单壳海生贝类。因其形如人耳，也称"海耳"。

性味

味甘、咸，性平，滋阴清热，益精明目，其所含的鲍绿素有较强的抑制癌细胞生长的作用。

→ 营养成分

鲍鱼含有丰富的蛋白质，还有较多的钙、铁、碘和维生素 A 等营养元素。富含丰富的球蛋白。鲍鱼的肉中还含有一种被称为"鲍素"的成分，能够破坏癌细胞必需的代谢物质。

→ 注意事项

食用鲍鱼时，应选择软硬适度、咀嚼起来有弹牙感觉者为佳，伴有鱼的鲜味，入口软嫩柔滑，香糯粘牙。切忌鲍鱼过软或过硬，过软如同吃豆腐，过硬如同嚼橡皮筋，都难以品尝到鲍鱼真正的鲜美味道。鲍鱼忌与鸡肉、野猪肉、牛肝同食。一定要烹透，忌食半生不熟的。

→ 选购要点

优质鲍鱼呈米黄色或浅棕色，质地新鲜有光泽，椭圆形，身体完整，肉厚饱满。劣质鲍鱼颜色灰暗、褐紫，无光泽，有枯干灰白残肉，鱼体表面附着一层灰白色物质，甚至出现黑绿霉斑。鲍鱼以个体均匀、个大、椭圆形、体洁净、背面凸起，肉厚，有光泽，味香鲜，干货表面有白霜为上品。

瘦肉夏枯草鲍鱼汤

材料

新鲜鲍鱼（连壳）500克，夏枯草50克，瘦肉250克，姜3片，黄豆50克，盐适量。

做法

① 将鲍鱼壳和鲍鱼肉分离。鲍鱼壳用清水擦洗干净，去掉泥污；鲍鱼肉去掉污秽粘连部分，再用清水洗干净，切成片状。瘦肉洗净切片。

② 将所有材料同放入汤煲内，加适量清水，先大火烧开，改小火煲2小时，下盐调味。

Tips

此汤对于肝肠亢盛的血压高病症有一定的食疗功效。

功效：平肝熄风、清肝明目、清热散结、止头痛、除烦躁

瘦肉花旗参鲍鱼汤

材料

鲍鱼4只，瘦肉500克，花旗参片15克，枸杞10克，生姜2片，盐适量。

做法

① 将鲍鱼宰杀干净，清除内脏并将鲍鱼壳洗刷干净。生姜洗净略拍。

② 瘦肉切块，用开水汆烫并洗干净。花旗参、枸杞洗净备用。

③ 将1500毫升冷水放入瓦煲内煮沸，然后加入鲍鱼、鲍鱼壳、瘦猪肉、花旗参片和姜片。

④ 大火烧开后，改用小火煲2小时，加入枸杞后再煮10分钟，加盐调味即可。

功效：平肝熄风、清肝明目、清热散结

二冬炖鲍鱼

材料

天冬、麦冬各25克，瘦肉150克，干鲍鱼2个，桂圆肉10粒，生姜2片，盐适量。

做法

① 鲍鱼用开水浸发至软，洗净后切片。瘦肉洗净切小块。天冬、麦冬分别洗净。桂圆肉略洗。生姜洗净略拍。

② 将所有材料同放入炖盅内，加适量清水，加盖，隔水大火炖3小时，下盐调味。

功效：滋肾润肺、养阴清热、补阴益精

鲍鱼炖排骨 夏

材料

鲍鱼250克，排骨500克，火腿20克，盐适量。

做法

① 排骨切小块，入冷水锅中煮沸三分钟后，捞出，洗净。火腿切细丝。

② 鲍鱼挖去肚子，连同壳洗净，与排骨、火腿一起放入炖盅里，加水并盖盖。

③ 炖盅放入电炖锅中，加入适量清水，沸腾后中小火炖2小时，起锅前加盐调味即可。

功效：增强抵抗力、健骨抗癌

生鱼

介绍

又名木鱼、乌鳢、黑鱼、财鱼、乌棒、斑鱼、蛇头鱼、孝鱼、默头鱼等。生性凶猛，繁殖力强，胃口奇大，常能吃掉某个湖泊或池塘里的其他所有鱼类，甚至不放过自己的幼鱼。生鱼还能在陆地上滑行，迁移到其他水域寻找食物，可以离水生活3天之久。生鱼是中国人的"盘中佳肴"。

性味

性寒，味甘，归脾、胃经。

→营养成分

含蛋白质、脂肪、18种氨基酸等，还含有人体必需的钙、磷、铁及多种维生素。适用于身体虚弱、低蛋白血症、脾胃气虚、营养不良、贫血之人食用，广西一带民间常视生鱼为珍贵补品，用以催乳、补血。

→注意事项

有疮者不可食，否则令人瘢白。不可与茄子同食，否则导致腹泻、脾胃受损。

→选购要点

新鲜的优质生鱼眼睛凸起，澄清并富有光泽，鳃盖紧闭，鳃片呈鲜红色，没有黏液。不新鲜的生鱼摸起来黏黏的，眼球凹陷且浑浊不清。

大蒜炖生鱼　　夏

材料

生鱼1条（约300克），大蒜100克，生姜2片，盐、料酒各适量。

做法

① 大蒜去皮，切去头、尾，用刀略扁。生鱼宰杀，去鳃、肠杂，洗净抹干水。生姜略拍。

② 炖盅内放入所有材料，溅料酒，加足量清水，隔水大火炖1小时，下盐调味即可。

Tips

此汤对高血压、高血脂、动脉硬化、糖尿病等有一定疗效。

功效：降低胆固醇、甘油三酯，降血压，降血糖

塘葛菜生鱼汤 夏

材料

鲜生鱼 1 条（约 350 克），塘葛菜 100 克，生姜 2 片，盐适量。

做法

① 生鱼去鳃刮鳞除肠脏，洗净抹干水，入油镬小火煎至微黄盛起。生姜洗净略拍。塘葛菜用清水反复洗净。

② 将所有材料一同放入汤煲内，加适量清水，先大火烧沸，改小火煲 1 小时，下盐调味。

Tips

生鱼肉粗，不太好吃，但非常有营养，吃生鱼还有给伤口消炎的作用。用生鱼做菜，要注意选鱼不能太大，一般 8 两左右即可。这样的鱼龄一般在 1 年左右，可以保证鱼肉鲜嫩。

功效：清热利尿、凉血解毒

西洋菜瘦肉生鱼汤 夏

材料

西洋菜 400 克，瘦肉 100 克，生鱼 1 条（约 350 克），红枣 2 粒，生姜 2 片，盐适量。

做法

① 西洋菜拣去黄叶，洗净沥干水。瘦肉洗净切小块。红枣略洗。生姜洗净略拍。生鱼去鳃刮鳞除肠脏，洗净抹干水，入油镬小火煎至两面微黄盛起。

② 将所有材料同放入汤煲内，加适量清水，先大火烧沸，改小火煲 1 小时，下盐调味。

Tips

此汤对结核病患者有不错的食疗功效。

功效：清肺润燥、健脾开胃

水产类

沙参玉竹生鱼汤 夏

材料

生鱼 1 条（约 400 克），沙参 20 克，玉竹 10 克，无花果 3 个，生姜 2 片，盐适量。

做法

① 生鱼去鳃除肠脏，将鱼斩成几段（不斩断），用少许盐将身擦匀，腌渍 10 分钟。烧热镬下油，将生鱼煎至两面呈金黄色盛起。

② 沙参、玉竹分别洗净，用清水浸泡 30 分钟。生姜洗净略拍。

③ 将所有材料放入汤煲内，加适量清水，先大火烧开，改小火煲 1 小时，下盐调味。

Tips

生鱼素有"鱼中珍品"之称，是一种营养全面的保健佳品，可作为生病后调养和体质虚弱的小孩的滋补品。通常，人们喜欢把沙参、玉竹配搭在一起来煲汤，对肺热、咳嗽有一定的辅助治疗作用。这是一道味道清甜、滋阴清肺的汤水，一年四季都可以饮用。

功效：补脾利水、去瘀生新、开胃清热、润肺止咳

花旗参无花果生鱼汤

材料

生鱼1条（约400克），花旗参（切片）10克，干无花果3个，生姜2片，盐适量。

做法

① 生鱼去鳃刮鳞除肠脏，洗净抹干水，入油镬小火煎至两面微黄盛起。无花果洗净。生姜洗净略拍。花旗参略洗。
② 将所有材料同放入汤煲内，加适量清水，先大火烧沸，改小火煲1小时，下盐调味。

功效：清热润燥、养阴生津、滋补强壮

胡萝卜瘦肉生鱼汤

材料

生鱼1条（约350克），瘦肉100克，胡萝卜1个，去皮马蹄6个，生姜2片，盐适量。

做法

① 生鱼去鳃刮鳞除肠脏，洗净抹干水，下油镬小火煎至两面微黄盛起。瘦肉洗净切小块。马蹄洗净，每个对半切。胡萝卜去皮，洗净切块。生姜洗净略拍。
② 将所有材料同放入汤煲内，加适量清水，先大火烧沸，改小火煲1.5小时，下盐调味。

功效：清补益气、健脾生津

无花果红萝卜生鱼汤

材料

红萝卜2根（约400克），无花果5个，蜜枣2粒，生鱼1条（约500克），瘦肉100克，生姜2片，盐适量。

做法

① 红萝卜去皮、洗净，切厚片。无花果浸一下，洗净。蜜枣略洗。瘦肉洗净切小块。生姜洗净略拍。
② 生鱼宰后去肠杂、鳃，洗净，置油镬慢火煎至两边微黄。
③ 将所有材料放入瓦煲内，加适量清水，武火煮沸后，改小火煲1.5小时，下盐调味。

功效：补脾利水、去瘀生新、养阴润燥、益气生津

介绍	性味
鱼头营养高、口味好，对降低血脂、健脑及延缓衰老有好处。	味甘,性平,有补脾健胃之效。

鱼头

→ **营养成分**

富含人体必需的卵磷脂及不饱和脂肪酸。

→ **注意事项**

多吃鱼头对身体无益，因为鱼类及大部分动物的毒素会有很多富集于头部，而鱼头往往会有重金属超标现象，如汞超标。烹调或食用时若发现鱼头有异味的也不要吃。烹制鱼头时，一定要将其煮熟、煮透方可食用，以确保食用安全。

→ **选购要点**

眼睛明亮有光泽、鱼鳃鲜红者为新鲜。眼睛浑浊、向外鼓起、变质的以及死了太久的鱼，其鱼头都不要买。

川贝白芷鱼头汤 夏

材料

大头鱼 500 克，川贝 30 克，白芷 5 克，红枣（去核）6 粒，元肉 5 克，枸杞子 5 克，生姜 2 片，料酒、盐适量。

做法

① 大头鱼洗净斩件，沥干水分备用。生姜洗净略拍。
② 生抽、姜片、大头鱼起锅煎香，加入川贝、白芷等，加开水煮 30 分钟，再下料酒、盐调味即可。

功效：提神醒脑、驱头风

丝瓜鱼头豆腐汤

材料

丝瓜1根(约400克),大鱼头1个(约500克),生姜2片,豆腐2块,香菇3朵,油、盐各适量。

做法

① 丝瓜刨皮,洗净切成滚刀块。大鱼头去鳃,斩成小块。香菇泡开去蒂,洗净对半切。生姜洗净略拍。豆腐每块切成四小块。

② 热镬下油,下姜片,煎香后下鱼头块爆炒至出香味,倒入适量清水,下豆腐、香菇,先大火烧开,然后小火煲至汤成乳白色,快好时下丝瓜块略煮一会,下盐调味。

Tips

香菇是具有高蛋白、低脂肪、多糖、多种氨基酸和多种维生素的菌类食物,可以提高机体免疫力,延缓衰老。瓜中维生素B等含量高,有利于小孩大脑发育及中老年人大脑健康。

功效:暖身健脑、清热润燥、润泽肌肤

薏米淮山鱼头汤

材料

鲩鱼头1个(约300克),薏米30克,淮山20克,木瓜200克,生姜2片,盐适量。

做法

① 鲩鱼头去鳃,洗净沥干水,斩块,入油镬小火煎至微黄盛起。生姜洗净略拍。薏米洗净浸泡3小时。淮山洗净浸2小时。木瓜洗净,去籽,斩块。

② 除木瓜块外,其他材料同放入汤煲内,加适量清水,先大火烧沸,改小火煲20分钟,再放入木瓜块同煲熟软,下盐调味。

功效:清润肺燥、益智润肤、开胃消食

芥菜咸蛋鱼头汤

材料

大鱼头1个(约500克),芥菜300克,咸蛋1个,生姜2片,豆腐100克,植物油、盐、料酒、香油各适量。

做法

① 芥菜洗净,沥干水切大块。生姜略拍。豆腐洗净,切块。

② 鱼头去鳃,洗净斩块,用盐、料酒抹匀,腌制20分钟。镬内下油烧热,下鱼头块,小火煎至微黄盛起。

③ 镬内下油烧热,下姜片爆香,加足量清水,大火烧沸,依次放入鱼头、芥菜、豆腐,磕入咸蛋,搅散,中小火滚至材料熟及汤浓,下盐调味,淋上香油即可。

功效:提神醒脑、解除疲劳

胡萝卜玉竹鱼头汤

材料

胡萝卜1个(约250克),玉竹25克,去皮马蹄8个,鲩鱼头1个(约300克),生姜1片,盐适量。

做法

① 胡萝卜洗净,去皮切粗块。玉竹洗净,用清水稍浸泡。马蹄洗净,每个对半切。鲩鱼头去鳃,洗净血水斩块,入油镬小火煎至微黄盛起。生姜洗净略拍。

② 将所有材料同放入汤煲内,加适量清水,先大火烧沸,改小火煲1小时,下盐调味。

功效:清热润燥、滋润皮肤

介绍

鱼类的尾巴，即尾鳍，位于尾部末端，在鱼的运动中为推进和分流的作用。鱼尾的肉质非常好，嫩滑，胶质也非常丰富，小刺也相对少一些。

性味、注意事项、营养成分、选购要点均同前面"鱼类"所述。

节瓜鲩鱼尾汤 　夏

材料

节瓜 1 个（约 250 克），鲩鱼尾 1 条，生姜 1 片，油、盐适量。

做法

① 节瓜洗净，去皮切成小块。鲩鱼尾刮去鳞，洗净，入油镬小火煎至两面微黄盛起。生姜洗净略拍。

② 将所有材料同放入汤煲内，加适量清水，先大火烧沸，改小火煲 1 小时，下盐调味。

Tips

此汤尤其适合夏季胃口不佳者饮用。

功效：健脾开胃、消暑解渴

木瓜鱼尾汤 　夏

材料

青木瓜 1 个（约 500 克），鲩鱼尾 600 克，生姜 3 片，油、盐各适量。

做法

① 木瓜洗净，去皮、瓤、核，切粗块。鲩鱼尾去除鳞，洗净抹干水，入油镬小火煎微至黄盛起。生姜洗净略拍。

② 将所有材料同放入汤煲内，加适量清水，先大火烧沸，改小火煲 1 小时，下盐调味。

Tips

妇女产后体虚力弱，如果调理失当就会食欲不振、乳汁不足。鲩鱼尾能补脾益气，配以木瓜煲汤，则有通乳健胃之功效，最适合产后妇女饮用。

功效：滋补益气、通乳健胃

银耳黄花菜鱼尾汤　夏

材料

草鱼尾 1 条，水发银耳 100 克，水发黄花菜 50 克，植物油、姜片、料酒、盐各适量。

做法

① 草鱼尾处理干净；水发银耳洗净撕成小朵；黄花菜洗净。
② 炒锅放植物油烧热，放入鱼尾煎两面微黄，盛出备用。
③ 炒锅中倒入适量清水，放入草鱼尾、银耳、黄花菜、姜片、料酒，大火烧开改小火，炖 1 小时左右，撒盐搅匀即可。

功效：益胃补气

杏仁木瓜鱼尾汤　夏

材料

木瓜 500 克，鲩鱼尾 1 条，南北杏 30 克，盐适量。

做法

① 木瓜去皮去籽，洗净切块；南北杏洗净。鲩鱼尾放入油锅两面煎黄。
② 将木瓜、鲩鱼尾、南北杏一起放入煲里，加水适量，武火煮沸后，改文火煲 2~3 小时，加盐调味即可。

功效：祛湿、疗肺、舒筋

银耳金针鱼尾汤　夏

材料

草鱼尾 600 克，干银耳 40 克，干金针 20 克，生姜 1 小块，盐少许。

做法

① 将草鱼尾的鱼鳞刮除，用炒锅略煎过。
② 干银耳、干金针用清水泡软，洗净。
③ 锅中放入适量清水和所有的材料（水要盖过所有材料），煮滚后改小火煲 1 小时，下盐调味即可。

功效：养颜美容、淡化雀斑、光洁皮肤

沙参玉竹鱼尾汤　夏

材料

瘦肉 250 克，沙参 3 克，玉竹 4 克，南北杏 5 克，蜜枣 1 粒，花鲢鱼尾 1 条（约 750 克），生姜 2 片，盐适量。

做法

① 先将鱼尾洗净，放入油锅，放入少许油，两面煎黄。生姜洗净略拍。
② 水烧开，将所有材料放入开水中，大火烧半小时，然后中火 1.5 小时，加盐调味即可。

功效：有利睡眠

鲫鱼

介绍

主要以植物为食的杂食性鱼，喜麇集而行，择食而居。肉质细嫩，肉味甜美，营养价值、药用价值很高。鲫鱼是鱼中上品，生息在池塘、湖泊等淡水水域。

性味

性平，味甘，入脾、胃、大肠经，无毒。具有健脾、开胃、益气、利水、通乳、除湿之功效。

→ 营养成分

每百克肉含蛋白质 13 克、脂肪 11 克，并含有大量的钙、磷、铁等矿物质。

→ 注意事项

小儿麻疹初期，或麻疹透发不快者宜食；痔疮出血，慢性久痢者宜食。感冒发热期间不宜多吃。

→ 选购要点

新鲜鲫鱼眼睛略凸，眼球黑白分明，不新鲜的则是眼睛凹陷，眼球浑浊。此种鱼身体扁平、色泽偏白的，肉质比较鲜嫩；不宜买体形过大、颜色发黑的。

酸菜鲫鱼汤 （夏）

材料

鲫鱼 1 条（约 400 克），酸菜 100 克，生姜 2 片，鲜菇 6 朵，葱 2 根，豆腐 2 小块，生姜 2 片，料酒、盐各适量。

做法

① 鲫鱼去鳞、鳃，刮除肠杂，在鱼身两面各划几刀，抹少许盐腌渍 10 分钟。
② 酸菜冲洗干净后切丝。生姜洗净略拍。鲜菇去蒂，洗净后对半切。葱去根，洗净后切段。
③ 烧热镬下油，将鲫鱼煎至两面呈金黄色，滤去余油，溅料酒，加入适量清水，然后倒入鲜菇、生姜、豆腐块，先大火烧开，煮至汤色呈奶白色，然后下葱段和酸菜片，改小火煮 20 分钟，下盐调味即可。

功效：和中补虚、除湿利水、温胃进食、补中益气

白术茯苓鲫鱼汤

春

→ **材料**

鲫鱼 1 条（约 500 克），茯苓 50 克，白术 25 克，陈皮 1 小块，盐适量。

→ **做法**

① 鲫鱼去鳃、鳞和内脏，洗净，入油镬小火将其煎至两面微黄盛起。

② 茯苓、白术分别洗净，放入纱布袋里，扎紧袋口；陈皮用清水浸软，刮去瓤。

③ 将所有材料同放入汤煲内，加适量清水，先大火煲滚，改小火煲 1 小时，下盐调味。

功效：健脾祛湿、润泽肌肤

Tips 鲫鱼下锅前除了刮鳞抠鳃、剖腹去脏之外，别忘了去掉其咽喉齿（位于鳃后咽喉部的牙齿），否则菜的汤汁味道就欠佳，而且有较重的泥味。

木瓜海带赤小豆煲鲫鱼 夏

材料

木瓜1只(约1000克)，海带(干)50克，赤小豆100克，鲫鱼1条(约750克)，瘦肉100克，鸡脚100克。生姜3片。

做法

① 鲫鱼去除鳞、内脏、内腹黑膜，洗净，两边煎透。瘦肉洗净切大方丁粒。鸡脚洗净。木瓜去皮洗净斩大件。海带洗净切件。赤小豆洗净，浸3小时。

② 放入全部材料用清水煲1.5小时，调味即可。

功效：利水、排酸、降脂、凉血、降压、清心润肺

赤小豆粉葛鲫鱼汤 夏

材料

鲫鱼1条(约500克)，粉葛500克，猪脊骨250克，赤小豆50克，红枣6粒，生姜2片，盐适量。

做法

① 粉葛去皮洗净，切成小块。赤小豆洗净浸3小时，提前浸泡2小时。红枣洗净略拍。生姜洗净略拍。猪脊骨洗净，斩小块，"飞水"。

② 鲫鱼去鳃刮鳞除内脏，洗净抹干水，在鱼身两面划数刀。热油镬，下姜片煎香，倒入鲫鱼煎至两面微黄盛起。

③ 将所有材料放入汤煲内，加足量清水，先大火烧开，改小火煲1.5小时，下盐调味。

Tips

此汤对脾胃虚弱、气管炎、哮喘、糖尿病都有很好的保健疗效，也适合应酬喝酒的人士饮用。

功效：清热解毒、降血糖

太子参淮山鲫鱼汤 夏

材料

鲫鱼1条(约400克)，淮山30克，太子参20克，生姜2片，盐适量。

做法

① 鲫鱼去鳃刮鳞除内脏，洗净抹干水。生姜洗净略拍。烧热镬，下姜片煎香，放鲫鱼煎至两面微黄，盛起。

② 淮山略洗，用清水浸泡30分钟。太子参洗净。

③ 汤煲内放入所有材料，加足量清水，先大火烧开，改小火煲1.5小时，下盐调味。

Tips

此汤尤其适合小儿夏季久热不退、饮食不振、肺虚、咳嗽、心悸等虚弱症以及小儿病后体弱无力、自汗、盗汗、口干等症。

功效：益气健脾、和中开胃、益肺滋肾

莲子淮山鲫鱼汤 秋

材料

莲子、芡实、淮山各20克，鲫鱼1条(约500克)，生姜2片，盐适量。

做法

① 莲子、芡实、淮山洗净，用清水浸泡3小时。生姜洗净略拍。鲫鱼去鳃刮鳞除肠脏，洗净抹干水，入油镬小火煎至两面微黄盛起。

② 将所有材料放入汤煲内，加适量清水，先大火烧沸，改小火煲1小时，下盐调味。

Tips

此汤适用于脾胃虚弱、食欲不振、大便不调者食用。

功效：补气健脾、固肾生精

豆腐玉米鲫鱼汤

材料

鲫鱼 1 条（约 500 克），玉米 1 个，豆腐 2 块，生姜 2 片，红枣 5 粒，枸杞子一小撮，盐适量。

做法

① 鲫鱼去鳃刮鳞除肠脏，洗净抹干水，用刀在鱼身两面各划数下。豆腐切成小块。玉米去衣，洗净斩块。生姜洗净略拍。红枣去核洗净。枸杞子冲一下。烧热镬下油，将鲫鱼煎至两面呈金黄色盛起。

② 将所有材料同放入汤煲内，加适量清水，先大火烧沸，改小火煲 1 小时至汤色奶白，下盐调味。

Tips

鱼肉有健脾开胃、止咳平喘等功能，将它和冬瓜、葱白煮汤服食，可以减轻水肿。鱼汤含有全面而优质的蛋白质，还能缓解压力、睡眠不足等精神因素导致的皱纹。

功效：降血脂，降低血清、胆固醇，健脾益胃，明目润肤

砂仁鲫鱼汤 秋

材料

鲫鱼 1 条（约 400 克），砂仁 20 克，生姜 2 片，盐适量。

做法

① 生姜洗净略拍。鲫鱼去鳃、刮鳞、除内脏，洗净抹干水，用刀在鱼身两面各划几刀。镬内下油烧热，下姜片煎香，倒入鲫鱼煎至两面微黄盛起。砂仁洗净，用煲汤纱袋装起来，扎好袋口。

② 将所有材料同放入汤煲内，加适量清水，先大火烧开，撇去浮沫，改小火煲 1 小时，下盐调味。

Tips

此汤适用于妊娠呕吐、食欲不振、神疲乏力、头晕目眩、胎动不安等症。

功效：和中补虚、健脾开胃、利湿止呕、安胎利水

银耳木瓜鲫鱼汤 秋

材料

银耳 20 克，木瓜 1 个（半生熟红肉木瓜，约 400 克），鲫鱼 1 条（约 500 克），生姜 2 片，红枣 2 粒，瘦肉 100 克，盐适量。

做法

① 鲫鱼去鳃刮鳞除肠脏，洗净血水抹干，用刀在鱼身两面各划几刀，烧热镬下油，将鱼煎至两面呈金黄色盛起。

② 生姜洗净略拍。银耳用清水浸发，洗净、去蒂后撕成小朵。红枣略洗。瘦肉洗净后切小块。木瓜去皮、瓤、籽，洗净后切切厚块。

③ 将所有材料同放入汤煲内，加适量清水，先大火烧开，改小火煲 1 小时，下盐调味。

功效：补脾开胃、益气清肠、滋阴润肺、润燥滋补

萝卜丝鲫鱼汤 秋

材料

白鲫 2 条（约 500 克），白萝卜 1 个（约 300 克），生姜 2 片，葱 1 根，盐适量。

做法

① 白鲫宰杀，去鳞除鳃刮净肚肠，洗净抹干水，在鱼身两边各划数刀。白萝卜去皮洗净，刨成丝，入沸水锅焯一下。捞出。生姜洗净略拍。葱去根须，洗净切葱花。

② 镬内下油，下姜片煎香，倒入鲫鱼，将两面煎至微黄。

③ 汤煲内放入白鲫、萝卜丝，加入足量清水，大火烧开，改小火煮至汤色呈奶白色，下盐调味，撒上葱花即可。

功效：消食化滞、润肤明目、化痰止咳、消脂瘦身

鲤鱼

<table>
<tr><td>

介绍

别名赤鲤、白鲤、黄鲤、赖鲤、鲤拐子、毛子等，隶属于鲤科。鲤鱼肉质十分细嫩可口，易被消化和吸收。

</td><td>

性味

性平，味甘，入脾、肾、肺经。

</td></tr>
</table>

→ 营养成分

含蛋白质、脂肪、胱氨酸、谷氨酸、组氨酸、甘氨酸等 20 余种氨基酸，维生素 A、维生素 B_1、维生素 B_2、蛋白酶、钙、磷、铁、肌酸等。

→ 注意事项

鲤鱼胆味苦有毒，勿使污染鱼肉。恶性肿瘤、淋巴结核、红斑狼疮、支气管哮喘、小儿疳腮、血栓闭塞性脉管炎、痈疖疔疮、荨麻疹、皮肤湿疹等疾病患者均忌食。烧烤鲤鱼，不可让烟入眼，否则损害视力。

→ 选购要点

身上无病斑、身形匀称、眼睛有神、尾鳍下分叉为红色、肛门后到尾鳍前为金黄色者为佳。

鲤鱼豆腐汤

材料

鲤鱼 400 克，豆腐 400 克，黄酒 15 克，葱 2 段，生姜 2 片，胡椒粉、盐、味精各适量。

做法

① 将豆腐切成 1 厘米厚的薄片，用盐水渍 5 分钟，沥干待用。生姜洗净略拍。

② 鲤鱼去鳞和内脏，抹上黄酒，用盐腌制 10 分钟。

③ 锅中放油加热，将鱼两面煎黄，加入葱、姜、适量水，大火煮 10 分钟转小火煲 30 分钟，然后加入豆腐，再煮 5 分钟左右，加盐和胡椒粉、鸡精调味，撒上葱花即可。

功效：和中补虚、除湿利水、温胃进食、补中益气

黑豆鲤鱼汤

材料

　　黑豆 30 克，鲤鱼 1 条（约 250 克），生姜 1 片，盐适量。

做法

　　① 将黑豆洗净，浸 3 小时；生姜洗净略拍；鲤鱼去鳞、鳃、肠脏，洗净，起油锅，略煎。

　　② 把全部用料一齐放入锅内，加清水适量，武火煮沸后，文火煮至黑豆稔，加盐调味即可。随量饮汤食肉。

　　功效：补肾、去湿

若肾虚寒，黑豆可炒后用。

Tips

苦瓜鲤鱼汤 夏

材料

鲤鱼 1 条（约 500 克），苦瓜 1 个（约 300 克），生姜 2 片，盐适量。

做法

① 鲤鱼去鳃刮鳞除肠脏，洗净抹干水，用刀在鱼身两面各划数刀。烧热镬下油，将鱼煎至两面呈金黄色盛起。

② 苦瓜对半剖开，去瓤、籽，洗净后切片，"飞水"。生姜洗净略拍。

③ 将鲤鱼和生姜同放入汤煲内，加适量清水，先大火烧沸，改小火煲 30 分钟至汤呈奶白色，加入苦瓜片再煲 20 分钟，下盐调味即可。

Tips

苦瓜具有清热消暑、养血益气、补肾健脾、清肝明目的功效，对治疗痢疾、疮肿、中暑发热、痱子过多、结膜炎等病有一定的功效。

功效：清热解毒、止咳化痰

赤豆花生炖鲤鱼 夏

材料

陈皮 15 克，赤豆 100 克，花生 100 克，鲤鱼 1 尾，葱 1 段，生姜 3 片，盐、米酒各适量。

做法

① 赤豆洗净，浸泡 2 小时备用；鲤鱼洗净，去鳞备用；葱切段备用。用油爆香葱段、姜片，再放入鲤鱼，大火煎熟。
② 沙锅内加水煮沸后，放入陈皮、赤豆、花生和鲤鱼，用小火煮约 1 小时。
③ 起锅前，加盐、米酒调味即可。

功效：利水通乳、健脾开胃、补血养颜

当归鸭血鲤鱼汤 冬

材料

当归 15 克，鸭血 200 克，鲤鱼 1 条，生姜 3 片，盐适量。

做法

① 当归略洗。鸭血洗净切块。鲤鱼去鳃刮鳞除肠脏，洗净抹干水。生姜洗净略拍。烧热镬下油，将鲤鱼煎至两面微黄盛起。
② 将所有材料同放入汤煲内，加足量清水，先大火烧沸，改小火煲 40 分钟，下盐调味。

Tips

此汤适合体质虚弱、气血亏虚者以及女性服食。

功效：健脾养血

黄鱼

介绍

又名黄花鱼，属鱼纲、石首鱼科。鱼头中有两颗坚硬的石头，叫鱼脑石，故名"石首鱼"。有大小黄鱼之分，大黄鱼又称大鲜、大黄花、桂花黄鱼，小黄鱼又称小鲜、小黄花、小黄花鱼。

性味

性平，味甘、咸，入肝、肾二经。

→ 营养成分

含有丰富的蛋白质、微量元素和维生素，对人体有很好的补益作用，对体质虚弱和中老年人来说，食用黄鱼会收到很好的食疗效果。含有丰富的微量元素硒，能清除人体代谢产生的自由基，能延缓衰老，并对各种癌症有防治功效。

→ 注意事项

黄鱼的头皮很薄，内有腥味很大的黏液，因此烧黄鱼前，揭去头皮，洗净黏液，可防止异味。黄鱼是发物，哮喘病人和过敏体质的人应慎食。黄鱼不能与中药荆芥同食，吃鱼前后忌喝茶，不宜与荞麦同食。急慢性皮肤病患者忌食，支气管哮喘、癌症、淋巴结核、红斑狼疮、肾炎、血栓闭塞性脉管炎患者忌食。

→ 选购要点

大黄鱼肉肥厚但略嫌粗老，小黄鱼肉嫩味鲜但刺稍多。优质的黄鱼呈金黄色，有光泽，鳞片完整不易脱落，肉质坚实，富有弹性，眼球饱满突出，角膜透明，鱼鳃色泽鲜红或紫红，鳃丝清晰。无异味。

番茄豆腐黄鱼汤

材料

黄鱼（即黄花鱼）1 条，番茄 1 个，豆腐 2 块，葱 1 根，生姜 2 片，盐适量。

做法

① 黄鱼去鳃刮鳞除肠脏。镬内下油烧热，下黄鱼，小火煎至两面微黄盛起。

② 番茄去蒂洗净，切成 4 瓣。豆腐切块。葱洗净切碎。生姜洗净略拍。

③ 汤锅内放入番茄、豆腐、煎好的黄鱼和姜片，武火煮沸后转小火煲 40 分钟，下盐调味，撒上葱花即可。

Tips

食用黄花鱼最好是在初春，因其正值产卵前夕，鲜肥肉嫩，是很好的营养补充。对体质虚弱和中老年人来说，食用黄花鱼会收到很好的食疗效果。黄花鱼含有丰富的微量元素硒，能清除人体代谢产生的自由基，延缓衰老。

功效：健脾开胃、益气补虚

雪菜黄鱼汤

材料

黄鱼 1 条（约 500 克），雪菜 100 克，竹笋片 50 克，生姜 2 片，葱 1 根，料酒、盐各适量。

做法

① 黄鱼去鳃刮鳞除肠脏，洗净抹干水，用刀在鱼身两面各划几刀。雪菜洗净，切成段。竹笋片洗净。生姜洗净略拍。葱去根洗净，切葱花。

② 烧热镬下油，爆香姜片，将黄鱼煎至两面呈金黄色，加适量清水，溅料酒，大火烧开，改小火煮至汤色奶白，然后下竹笋片和雪菜同煮片刻，下盐调味。

Tips

黄鱼有健脾开胃、安神止痢、益气填精之功效，对贫血、失眠、头晕、食欲不振及妇女产后体虚有良好疗效。

功效：解毒消肿、开胃消食、益气补肾、滋补健身

鲮鱼

介绍

别名雪鲮、土鲮鱼、鲮公、龄鱼。鲤形目、鲤科。身体绵长，腹部圆，头短小，吻圆钝。口下位，上下颌的前方具角质化边缘，适于刮取水底附着物。鲮鱼生长在水温较高的水域，不耐低温，一般水温低于7℃时即不能生存，所以天然鲮鱼主要产于广东、福建两省各水系。其他地区可在保温条件下进行人工养殖。鲮鱼四季均产，以4~6月为捕捞旺季。

性味

味甘，性平，无毒，入肝、肾、脾、胃四经。有益气血、健筋骨、通小便之功效。

→ 营养成分

富含蛋白质、维生素A、钙、镁、硒等营养元素，肉质细嫩，味道鲜美。

→ 注意事项

气郁体质、痰湿体质、阳虚体质、瘀血体质、阴虚喘嗽者忌食。

→ 选购要点

颜色以鱼身偏青色、鱼鳞有光泽、透亮为好，翻开鳃呈鲜红、表皮及鱼鳞无脱落者才是新鲜的，鱼眼要清澈透明不混浊，无损伤痕迹；用手指按一下鱼身，富有弹性就表示鱼体较新鲜。

节瓜花生煲鲮鱼 夏

材料

鲮鱼 350 克,猪瘦肉 200 克,节瓜 750 克,花生仁 50 克,红豆 50 克,无花果 8 枚。

做法

① 鲮鱼宰杀干净,用油锅煎至微黄。猪瘦肉洗净后切成大块,"飞水"。节瓜刮皮后洗净,切成中段。花生仁、红豆洗,浸 3 小时。无花果洗净。

② 将 3000 克清水注入煲内,水滚后将全部汤料放进煲内。先用大火煲 30 分钟,再用中火煲 60 分钟,调味即可。

功效:补气健脾

黄豆猪骨煲鲮鱼汤 夏

材料

鲮鱼 300 克,猪骨 150 克,黄豆 50 克,眉豆 50 克,生姜 3 片,盐适量。

做法

① 黄豆、眉豆浸泡洗净。将黄豆眉豆猪骨姜片放进汤锅里,加入 1500-2000 毫升清水,大火煲开,同时煎鱼。生姜洗净略拍。

② 热油锅放鲮鱼下锅煎至双面微黄,倒入 1 碗水煮开。

③ 将鱼和水倒入正在煲的汤锅里,继续大火煲开,改小火煲 1.5 小时后加盐调味。

功效:除湿祛困、健脾开胃、降低胆固醇

粉葛鲮鱼汤 秋

材料

粉葛 500 克,鲜鲮鱼 1 条(约 300 克),红枣 2 粒,赤小豆 50 克,生姜 1 片,盐适量。

做法

① 粉葛去皮,洗净后切薄块。鲮鱼宰杀,去鳃刮鳞除肠脏,洗净抹干水,入油镬小火煎至两面微黄盛起。生姜洗净略拍。蜜枣略洗。

② 将所有材料同放入汤煲内,加适量清水,先大火烧沸,改小火煲 1 小时,下盐调味。

Tips

此汤对于消除骨火引起的关节疼痛、肌肉酸痛有显著疗效。

功效:清热、化湿、解肌、除烦

粉葛鲮鱼排骨汤 秋

材料

粉葛 1 个(约 500 克)、胡萝卜半个,赤小豆 100 克,鲮鱼 2 条(500 克),排骨 200 克,陈皮 2 块,蜜枣 2 粒,盐适量。

做法

① 鲮鱼去鳞去腮去内脏,洗干净,排骨"飞水",沥干水分。粉葛去皮,切块。赤小豆提前洗干净,用水浸泡 2~3 小时。陈皮泡软去瓤。蜜枣略洗。

② 将粉葛、赤小豆、蜜枣放入冷水中,大火烧开。

③ 在热油锅内将鲮鱼两面煎黄,用汤料袋装好,与陈皮一起放进开水里。大火煲 15 分钟后,转小火煲 2 小时,加盐调味即可。

功效:清热、化湿、解肌、除烦

鲈鱼

介绍

又名花鲈、寨花、鲈板、四肋鱼等，俗称"鲈鲛"。补肝补肾、益脾益胃，对肝肾功能低下的人群有不错的食疗功效。鲈鱼有很好的补肾安胎功效，对于胎动不安、生产少乳等症状有很好的疗效。产后吃鲈鱼既容易消化，又能防治贫血头晕等症状。

性味

性平，味甘，归肝、脾、肾经。

→ 营养成分

富含铜，对于保护心脏、维护神经中枢系统有很好的功效。

→ 注意事项

海产鲈鱼属于"珊瑚鱼"，喜欢生长在珊瑚丛附近。由于珊瑚丛上可能会有一种叫做"雪毒素"的有毒物质，因此，食用海产鲈鱼时，一定不能进食其内脏、鱼头等部位。鲈鱼常有寄生虫，最好不要生食。患有皮肤病疮肿者忌食鲈鱼。忌与奶酪同食，易引发痼疾。

→ 选购要点

大小适中为佳，太小肉少，太大则肉质粗糙。鱼体流畅自然，无损伤，游动敏捷。身偏青色，鱼鳞有光泽、透亮。若是海鲈鱼，可能有点海水气味或海藻味。若是死鱼也要挑选鳃呈鲜红、表皮及鱼鳞无脱落、富有弹性、鱼眼清澈透明不混浊、没有红丝、无损伤痕迹的为好。

木瓜鲈鱼汤 夏

材料

木瓜1个，鲈鱼1条（约500克），生姜3片，红枣5粒，枸杞子10克，盐适量。

做法

① 木瓜去皮、瓤、籽，洗净切厚块。生姜洗净略拍。红枣去核洗净。枸杞子略洗。鲈鱼去鳃刮鳞除肠脏，洗净抹干水，用刀在鱼身两面各划几下。烧热镬下油，将鲈鱼煎至两面呈金黄色盛起。

② 将所有材料同放入汤煲内，加适量清水，先大火烧开，改小火煲1小时，下盐调味。

Tips

鲈鱼可治胎动不安、少乳等症，准妈妈和生产妇女吃鲈鱼是一种既补身，又不会造成营养过剩而导致肥胖的营养食物，是健身补血、健脾益气和益体安康的佳品。

功效：补血安神、补中益气、健脾开胃、润肺化痰

香菜豆腐鲈鱼汤 冬

材料

鲈鱼1条（约400克），豆腐2块，香菜2棵，鲜蘑菇10朵，生姜2片，葱2根，盐适量。

做法

① 鲈鱼去鳃除鳞刮除肠脏，洗净后横切成厚片，用少许盐将鱼身抹匀，腌渍10分钟。鲜蘑菇去蒂，洗净对半切。生姜洗净略拍。豆腐切成小方块。香菜去根，洗净切段。葱去根，洗净后切葱花。烧热镬下油，用小火将鲈鱼片煎至鱼身成金黄色盛起。

② 除香菜和葱花外，所有材料同放入煲内，加适量清水，先大火烧开，煮至鱼汤呈奶白色，下盐调味，下香菜段，撒上葱花即可。

Tips

此汤对于糖尿病合并脂肪肝患者也适合食用。

功效：暖胃和中、降血压、降血脂、降胆固醇、益寿延年

鳝鱼

介绍

又名黄鳝、长鱼、无鳞公子、海蛇、蛆鱼、黄蛆等，味鲜肉美，刺少肉厚，常生活在稻田、小河、小溪、池塘、河渠、湖泊等淤泥质水底层，具有补益气血、强筋骨、祛风湿、止血的功效。

性味

味甘，性温。归肝、脾、肾经。

→ **营养成分**

富含蛋白质、胆固醇、铜、磷，具有养肝、壮阳壮腰、补肾虚、补血益气、提高免疫力、健脾、壮骨、养阴补虚的功效。

→ **注意事项**

虚热，或热证初愈，痢疾、腹胀属实者不宜食用。有瘙痒性皮肤病者忌食。有痼疾宿病者，如支气管哮喘、淋巴结核、癌症、红斑性狼疮等应谨慎食用。吃鳝鱼最好现杀现烹，死鳝不宜食用。鳝鱼虽好，也不宜食之过量，否则不仅不易消化，而且还可能引发旧症。鳝鱼不宜与狗肉、狗血、南瓜、菠菜、红枣同食。

→ **选购要点**

新鲜、优质鳝鱼鳃丝清晰呈鲜红色，黏液透明，具有土腥味，无异臭味。肌肉坚实有弹性，指压后凹陷立即消失，无异味，肌肉切面有光泽。腹部正常、不膨胀，肛孔白色、凹陷。

霸王花鳝鱼汤 〔秋〕

材料

霸王花 100 克，去皮马蹄 8 个，白鳝 1 条（约 500 克），生姜 3 片，盐适量。

做法

① 马蹄洗净，对半切。霸王花用清水浸软，洗净。白鳝宰杀，去鳃除肠脏，洗净抹干水，入油镬小火煎至两面微黄盛起。生姜洗净略拍。

② 将所有材料同放入汤煲内，加适量清水，先大火烧沸，改小火煲 1 小时，下盐调味。

Tips

霸王花又称剑花，能清润肺燥、化痰止咳。白鳝能滋阴补肺，与霸王花配伍，可增强清润肺燥之功。马蹄能清热生津，化痰消积，配伍剑花，可增强清肺化痰之力，也能使汤的味道更加鲜美。

功效：清润肺燥、化痰消积

→ **材料**

黄鳝 200 克，鸡内金 15 克，淮山 10 克，生姜 4 片，盐适量。

→ **做法**

① 黄鳝宰杀干净，用水冲洗，切段，用开水烫去黏液。生姜洗净略拍。

② 淮山和鸡内金洗净。

③ 热锅放两汤匙油，下姜片爆香，再放黄鳝翻炒。

④ 将水倒入瓦煲煮沸，放入炒香的黄鳝和姜片，加淮山和鸡内金，大火煮沸，转小火煲，1.5 小时后下盐调味即可。

功效：健脾消食、调和肝脾

夏

淮山鸡内金黄鳝汤

田鸡

介绍

又称蛙、水鸡、坐鱼，包括普通青蛙、牛蛙等。因其肉质细嫩胜似鸡肉，故称"田鸡"。田鸡含有丰富的蛋白质、糖类、水分和少量脂肪，肉味鲜美，春鲜秋香，是餐桌上的佳肴。

性味

味甘，性凉。

→ 营养成分

含有丰富的蛋白质、钙和磷，有助于青少年的生长发育和缓解更年期骨质疏松。所含维生素 E 和锌、硒等微量元素，能延缓机体衰老，润泽肌肤，防癌抗癌。

→ 注意事项

田鸡肉中易有寄生虫卵，因此加热一定要使肉熟透。脾胃虚寒者不宜食用。

→ 选购要点

皮紧肉实者为佳，皮松者为次。

节瓜扁豆田鸡汤　夏

材料

节瓜 500 克，炒扁豆 100 克，田鸡 2 只，陈皮 1/4 个，生姜 3 片，盐适量。

做法

① 节瓜去皮，洗净后切片。炒扁豆洗净。陈皮浸泡去瓤。田鸡宰杀，去皮、爪及肠杂。生姜略拍。

② 把节瓜、炒扁豆、陈皮、生姜同放入砂锅内，加足量清水，武火煲沸后改文火煲约 1 小时，下田鸡，改为武火煲沸后，转文火煲约 20 分钟，下盐调味即可。

功效：清热消暑、健脾除湿、醒胃消滞

百合太子参田鸡汤　夏

材料

罗汉果 1/6 个，百合 30 克，太子参 30 克，瘦肉 100 克，田鸡 400 克，生姜 2 片，盐适量。

做法

① 田鸡去皮除内脏，洗净斩块。瘦肉洗净切小块。百合洗净，用清水浸泡 3 小时。太子参略洗。生姜洗净略拍。罗汉果取囊捏碎。

② 将所有材料同放入汤煲内，加适量清水，先大火烧沸，撇去浮沫，改小火煲 1.5 小时，下盐调味。

功效：清润肺燥、益胃生津

虾

介绍	性味
又名虾米、开洋、曲身小子、河虾、草虾、长须公、虎头公。种类很多，包括青虾、河虾、草虾、对虾、明虾、基围虾、琵琶虾、龙虾等。虾营养丰富，且其肉质松软，易消化，对身体虚弱及病后需要调养的人极为有益。	性温，味甘，入肝、肾经。虾肉有补肾壮阳、通乳抗毒、养血固精、化瘀解毒、益气滋阳、通络止痛、开胃化痰等功效。

→ **营养成分**

脂肪主要是由不饱和脂肪酸组成的，易于人体吸收。虾肉中锌、碘、硒等微量元素的含量要高于其他食品，能化痰止咳，促进伤口愈合，对乳汁不下、丹毒、神经衰弱等有很好的疗效。

→ **注意事项**

色发红、身软的虾不新鲜，尽量不吃，腐败变质虾也不能吃；虾背上的虾线应挑去不吃。患有皮肤湿疹、癣症、皮炎、疮毒等皮肤瘙痒症者以及阴虚火旺者忌食。虾的胆固醇含量相对较高，患有心血管疾病者和老人不宜多食。大量服用维生素 C 期间应避免吃虾。

→ **选购要点**

虾体完整、甲壳密集、外壳清晰鲜明、肌肉紧实、身体有弹性，并且体表干燥洁净的为鲜。肉质疏松、颜色泛红、有腥味的则是不够新鲜的虾，不宜食用。一般来说，头部与身体连接紧密的比较新鲜。

韭菜鲜虾汤　　夏

材料

鲜韭菜 100 克，鲜虾仁 150 克，生姜 1 片，香油、盐各适量。

做法

① 韭菜择去黄叶，洗净切段。鲜虾仁洗净沥干水备用。生姜洗净略拍。
② 锅内倒入适量清水，大火烧开，倒入韭菜、虾仁和姜片，小火煮至虾仁熟透，浇上香油，下盐调味。

Tips

凡久病体虚、短气乏力、面黄肌瘦者，可作为食疗补品，而健康人食之可强身健体。常常手脚冰冷、下腹冷、腰酸或月经迟来者可以多吃。

功效：温补肾阳、健胃消食

夏

泥鳅虾汤

→ 材料

泥鳅 250 克，虾 50 克，生姜 1 片，盐适量。

→ 做法

① 将泥鳅去除内脏，洗净；虾去壳、须、足、尾，洗净。生姜洗净略拍。

② 将泥鳅略煎至金黄色，和虾一同放入砂锅内，加入生姜片和适量清水，先用武火煮沸，再用文火煮约 30~40 分钟，最后下盐调味即可。

功效：通乳抗毒、益气养血、补益脾胃、益肾助阳

Tips 此汤尤其适合阳痿、早泄者食用。泥鳅在清水中养一段时间，可有效去除其土腥味，泥鳅焖煮、煲汤时用中火，才容易入味。泥鳅不宜与狗肉同食，因狗肉与泥鳅相克，阴虚火旺者忌食。此外，螃蟹与泥鳅相克，功能正好相反，不宜同食。

虫草虾仁汤

→ 材料

　　冬虫草 10 克，干虾仁 30 克。生姜 2 片，盐适量。

→ 做法

　① 干虾仁用清水浸发，洗净；生姜洗净略拍；冬虫草洗净。

　② 砂锅内放入所有材料，加适量清水，先用武火煮沸，再用文火煲 1 小时，下盐调味即可。

功效：补肾益肺、填精壮阳

Tips

此汤尤其适合肾虚、阳痿或性欲减退者食用。如果不想用价格昂贵的冬虫草，可以改用相对价廉物美的虫草花。

冬瓜虾仁汤

→ 材料

冬瓜 250 克，虾仁 10 克，盐、麻油各适量。

→ 做法

① 冬瓜削皮去瓤、子，洗净后切成小长方形块。虾仁用清水洗净。

② 砂锅内放入所有材料，加适量清水，先大火烧开，改小火煨约 20 分钟，下盐调味，淋上麻油。

功效：清热润肠、利尿消肿、润肺生津

Tips 此汤尤其适合用作儿童痱子的保健食疗。瓜肉雪白，肉质看起来坚实，瓜身重的就是好冬瓜。瓜皮呈深绿色，瓜瓤空间较大，并有少许成形瓜子的就是老冬瓜。煲汤用的冬瓜宜选老的，嫩冬瓜有潺滑感，不够爽脆。

泥鳅

介绍	性味
泥鳅被称为"水中之参"，有沙鳅、真鳅、黄鳅之分，在我国各地的淡水中都有分布，常生活在水田、池塘、沟渠的静水底层淤泥中。	性平，味甘，具有暖脾胃、祛湿、疗痔、壮阳、止虚汗、补中益气、强精补血之功效，是治疗急慢性肝病、阳痿、痔疮等症的辅助佳品。

→ **营养成分**

富含蛋白质、脂肪、碳水化合物和钙、磷、铁等矿质元素以及大量的维生素，其中维生素 B1 的含量比鱼、黄鱼、虾高出 3 ~ 4 倍，而维生素 A、维生素 C 和铁的含量也比其他鱼类要高。

→ **注意事项**

不宜与狗肉同食，狗血与泥鳅相克，阴虚火盛者忌食；螃蟹与泥鳅相克，功能正好相反，不宜同吃；毛蟹与泥鳅相克，同食会引起中毒。特禀体质、阴虚体质者忌食。

→ **选购要点**

眼睛凸起、澄清有光泽，活泥鳅且活动能力强的最好。口鳃紧闭，鳃片呈鲜红色或红色。鱼皮上有透明黏液，且呈现出光泽。

虫草花炖泥鳅汤 （夏）

材料

泥鳅 200 克，虫草花 5 克，生姜 2 片，盐适量。

做法

① 泥鳅用清水静养 1 天，在水里滴一两滴植物油和放少许盐，有助于泥鳅排出污物。虫草花略洗。生姜洗净略拍。

② 将所有材料同放入炖盅内，加适量清水，加盖，大火隔水炖 1 小时，下盐调味。

Tips

成年男子常食泥鳅可滋补强身。

功效：补中益气、益肾生精、止血化脓、增强免疫力

田螺

介绍

又称黄螺、田中螺，肉质丰腴细腻，味道鲜美，素有"盘中明珠"之美誉。

性味

性凉，味甘、咸，归肝、膀胱经。

→ 营养成分

含有丰富的蛋白质、维生素和人体必需的氨基酸与微量元素，是典型的高蛋白、低脂肪、高钙质的天然动物性保健食品。螺肉含有丰富的维生素 A、蛋白质、铁和钙，对目赤、黄疸、脚气、痔疮等疾病有食疗作用；食用田螺对狐臭有显著疗效。

→ 注意事项

凡脾胃虚寒，便溏腹泻之人忌食；因螺性大寒，故风寒感冒期间忌食，女子行经期间及妇人产后忌食，素有胃寒病者忌食。忌与猪肉同烹调。螺肉不宜与中药蛤蚧、西药土霉素同服；不宜与牛肉、羊肉、蚕豆、蛤、面、玉米、冬瓜、香瓜、木耳及糖类同食；吃螺不可饮用冰水，否则会导致腹泻。

→ 选购要点

重点检查螺口。新鲜的螺即使螺肉外露，表面也会呈扭曲状态，轻轻一碰，小尖会缩回去。如果螺肉伸出螺壳、露出一个小尖，一动不动，表示螺已死去。

芥菜煲螺片汤　　夏

材料

芥菜 400 克，螺片 300 克，瘦肉 100 克，生姜 1 片，盐适量。

做法

① 新鲜螺片洗净切片。芥菜和瘦肉用水洗净，芥菜切段，瘦肉切片。生姜洗净略拍。

② 锅内放入适量清水煲滚，放入螺片和生姜片，用中火煲 30 分钟。

③ 放入芥菜。待芥菜熟，加入瘦肉。等瘦肉熟透，即可以下盐调味饮用。

功效：提神醒脑、解除疲劳、清热利尿、养阴明目

淮杞鸡脚螺片汤　　冬

材料

淮山 30 克，干螺片 200 克，枸杞子一小撮，鸡脚 10 只，排骨 400 克，生姜 3 片，盐适量。

做法

① 干螺片用清水浸泡至软，洗净沥干水备用。鸡脚剥去黄衣、切去趾尖，洗净。排骨洗净斩块。生姜洗净略拍。枸杞子略洗。将螺肉、鸡脚、排骨分别"飞水"。

② 将所有材料同放入汤煲内，加适量清水，先大火烧开，撇去浮沫，改小火煲 1.5 小时，下盐调味。

功效：滋阴明目、益精补血、强健筋骨

人参螺片汤　　秋

材料

人参 12 克，玉竹 20 克，北杏 15 克，杞子 15 克，猪肋排 400 克，螺片 50 克，龙皇杏 15 克，蜜枣 3 粒，盐适量。

做法

① 排骨洗净，斩块。螺片用温水浸泡 1 小时。其他药材也都洗净。

② 排骨放入砂锅中，加适量清水，放入螺片和洗净的药材。

③ 大火煮开，转小火煲 3 小时左右，加盐调味即可出锅。

 Tips

鉴于药材偏多，可放入冰箱冷藏，分两次食用，也可一次煲好。

功效：补气养阴、润燥生津、益智健体、延年益寿

花旗参海底椰螺片汤　　秋

材料

干螺片 60 克，瘦肉 150 克，干海底椰 15 克，花旗参片 20 克，无花果 3 个，南杏仁 15 粒，北杏仁 10 粒，生姜 3 片，盐适量。

做法

① 干螺片用清水浸泡至软，洗净。瘦肉洗净切片。无花果、海底椰洗净。花旗参片略洗。南杏仁、北杏仁去衣，用清水洗净。

② 将所有材料同放入汤煲内，加适量清水，先大火烧开，撇去浮沫，改小火煲 2 小时，下盐调味。

功效：清热润肺、止咳化痰、生津止渴、强身健体

水产类

甲鱼

介绍

又名鳖、团鱼、圆鱼、脚鱼、水鱼。肉味鲜美、营养丰富，有清热养阴、平肝熄风、软坚散结的效果，不仅是餐桌上的美味佳肴，而且是一种用途很广的滋补药品和中药材料。

性味

味甘、咸，性平，归肝经。有滋阴凉血、益气补虚、丰肌亮肤等功效。

→ **营养成分**

含动物胶、角质蛋白、核酸、磷脂、维生素 A、维生素 B₁、维生素 B₂、烟酸、维生素 D、锌、铁、钙、磷、碘等营养成分。核酸等都是皮肤细胞的营养素，有护肤作用。锌有增强皮肤光洁度的作用。动物胶有使皮肤变得柔软、毛发光润等作用。

→ **注意事项**

甲鱼不宜与桃子、苋菜、鸡蛋、猪肉、兔肉、薄荷、芹菜、鸭蛋、鸭肉、芥末、鸡肉、黄鳝、蟹一同食用。死甲鱼、变质的甲鱼不能吃；煎煮过的鳖甲没有药用价值。生甲鱼血和胆汁配酒会使饮用者中毒或罹患严重贫血症。

→ **选购要点**

甲鱼大则老，小则腥，故应选择中等大小为好，滋味属上乘；二是食鳖择季节，冬季的鳖为最好，春秋季也可，质稍次，而夏季的鳖俗称"蚊子甲鱼"一般不好吃。

鹿角菜甲鱼汤 〔秋〕

材料

甲鱼 1 只（约 500 克），鹿角菜 150 克，淮山 20 克，枸杞子一小把，生姜 3 片，料酒、盐适量。

做法

① 甲鱼让卖家代宰，除去肠脏，洗净斩块。烧热油镬，下姜片爆香，倒入甲鱼块炒至出香味盛起。鹿角菜洗净。淮山洗净，用清水浸泡 30 分钟。枸杞子略洗。生姜洗净略拍。

② 将所有材料同放入汤煲内，加适量清水，先大火烧沸，改小火煲 2 小时，下盐调味。

功效：养阴润肺、降火利咽

川贝杏仁水鱼汤

材料

　　水鱼 1 只（约 500 克），川贝母 5 克，南杏仁 20 克，知母 10 克，生姜 2 片，料酒、盐适量。

做法

　　① 水鱼让卖家代宰，除去肠脏，洗净斩块。生姜洗净略拍。烧热镬下油，下姜片爆香，倒入水鱼块炒至出香味盛起。川贝母、南杏仁、知母分别洗净。
　　② 将所有材料同放入汤煲内，加适量清水，先大火烧沸，撇去浮沫，改小火煲 1.5 小时，下盐、料酒调味。

Tips

川贝母长于清热化痰，润燥止咳，与南杏仁合用，润肺化痰之力更强。

功效：滋养肺肾、养阴降火、化痰止咳

桂圆莲子水鱼汤

材料

　　水鱼 1 只（约 500 克），淮山 20 克，莲子 30 克，桂圆肉 10 克，生姜 2 片，盐适量。

做法

　　① 水鱼让卖家代为宰杀、处理，然后斩块。回家后洗净血水后沥干，入油镬炒出香味后盛起。淮山、莲子洗净，浸 2 小时。桂圆肉略洗。生姜洗净略拍。
　　② 将所有材料同放入汤煲内，加适量清水，先大火烧沸，撇去浮沫，改小火煲 1.5 小时，下盐调味。

Tips

此汤尤其适合身体虚弱、贫血者饮用。

功效：滋养强壮、益肺健脾

淮杞炖水鱼汤

材料

　　水鱼 1 只（约 500 克），淮山 30 克，红枣 5 粒，枸杞子一小撮，生姜 2 片，料酒、盐适量。

做法

　　① 水鱼让卖家代为宰杀处理，斩成块，回家后洗净血水。生姜洗净略拍。烧热镬下油，下姜片爆香，倒入甲鱼块爆炒数下。
　　② 枸杞子略洗。红枣去核洗净。淮山洗净，用清水浸泡 30 分钟。
　　③ 将所有材料同放入炖盅内，加适量清水，加盖，隔水大火炖 2 小时，下盐、料酒调味。

功效：健脾养血、滋阴补肾、益精明目

西洋参甲鱼汤

材料

　　活甲鱼 1 只（约 500 克），西洋参片 20 克，红枣 6 粒，枸杞子一小撮，生姜 3 片，料酒、盐适量。

做法

　　① 甲鱼让卖家代宰，去头除内脏，斩成块，回家后用清水冲净沥干水。生姜洗净略拍。烧热镬下油，下姜片爆香，然后倒入甲鱼块爆炒出香味盛起。红枣去核洗净。
　　② 将所有材料放入汤锅内，加适量清水，下大火烧开，撇去浮沫，改小火煲 1 小时，下盐、料酒调味。

Tips

此汤适用于体质衰弱、营养不良的人，用于改善体质和一般人群的保健滋补。

功效：益气滋阴、补血安神、补中益气

龟

介绍

别名草龟、泥龟、山龟、水龟、元绪。"龟身五味肉"，即含有牛、羊、猪、鸡、鱼五种肉的营养和味道。

性味

味甘、咸，性平，入肝、肾、肺经。具有养阴补血、益肾填精、止血之功效。用于血虚体弱、阴虚骨蒸潮热、久咳咯血、久疟、肠风下血等症。

→ 营养成分

含有丰富的蛋白质、脂肪、糖类、多种维生素、微量元素等。

→ 注意事项

龟肉不宜与酒、果、瓜、猪肉、苋菜同食。胃有寒湿者忌服。

→ 选购要点

张开口呼吸的龟不要买，可能已经感染了某种疾病。流鼻水或有干掉的鼻水痕迹的龟不要买，可能有呼吸道疾病。

芙蓉人参炖乌龟 春

材料

> 野生乌龟1只（约1250克），人参20克，草鱼750克，生姜、盐、味精、顶汤、葱各适量。

做法

> ① 野生乌龟宰杀洗净，"飞水"。
> ② 油锅烧热，放葱、姜煸炒出香味，加入顶汤、人参、乌龟，炖制1.5小时。
> ③ 草鱼制成鱼蓉，做成芙蓉花状，待龟汤炖1小时后加入，放适量盐、味精，一起再炖半小时即成。

功效：补益力强、增强免疫力

茯苓煲龟汤 夏

材料

> 乌龟1只(约500克)，鲜土茯苓120克，茯苓60克，红枣6粒，生姜2片，料酒、盐适量。

做法

> ① 乌龟让卖家代为宰杀、处理，然后斩成块，回家后洗净沥干水。鲜土茯苓去皮，洗净切小块。茯苓打碎。生姜洗净略拍。
> ② 将所有材料同放入汤煲内，加适量清水，先大火烧沸，改小火煲2小时，下盐调味。

Tips

> 常喝此汤对皮肤疥疮、慢性湿疹有辅助食疗功效。小儿饮用此汤可预防和减轻生痱子、疥疮。

功效：滋阴清热、祛除湿毒

清炖龟汤 秋

材料

> 龟肉60克，百合30克，红枣10粒，盐适量。

做法

> ① 龟肉、百合分别洗净，切块。红枣去核，洗净。
> ② 锅上火放入清水1500克，下入龟肉、百合、红枣，旺火烧开，撇净浮沫，改用小火，将龟肉煮熟，加盐调味即可。

Tips

> 适合于心肾阴虚所致的失眠、心烦、心悸等病症者。

功效：滋阴养血，益心肾，补肺脏

枸杞子炖乌龟汤 秋

材料

> 枸杞子25克，乌龟1只，南枣6粒，生姜1片，料酒少许，盐适量。

做法

> ① 乌龟放入盆内，加入热水，使其排尽尿液，宰杀，去头、爪、内脏、背壳，保留腹甲，切成块。枸杞子、南枣、生姜（去皮）分别洗净。
> ② 除料酒外，其他用料放入炖盅内，加入适量凉开水，盖好盅盖，放入锅内，隔水炖4小时，下盐、料酒调味即可食用。

功效：滋补养颜

水产类

附 录

春季靓汤

夏季靓汤

附 录

秋季靓汤

附 录

U0358627